FAO中文出版计划项目丛书

# 亚洲小型猪场非洲猪瘟防控指南：
# 猪场屠宰、补栏与生物安全

联合国粮食及农业组织　编著

王宏锐　徐璐铭　译

**中国农业出版社**
**联合国粮食及农业组织**
2025·北京

**引用格式要求：**

粮农组织。2025。《亚洲小型猪场非洲猪瘟防控指南：猪场屠宰、补栏与生物安全》。中国北京，中国农业出版社。https://doi.org/10.4060/cb9187zh

ISBN 978-92-5-135956-3（粮农组织）
ISBN 978-7-109-33085-6（中国农业出版社）

FAO中文出版计划项目丛书

# 指 导 委 员 会

　　本出版物由联合国粮食及农业组织亚太区域办公室（粮农组织亚太区域办公室）与香港城市大学合作完成，并得到了美国国际开发署人道主义援助局No. 720FDA19IO00092"强化非洲猪瘟（ASF）检测与应急响应的实地能力"奖项的资助。本书表达的观点系作者的观点，并不一定反映美国国际开发署的观点。

　　亚太地区各国对小型猪场的定义不尽相同。虽然本指南主要面向小养殖户，但其中提到的各项措施有助于帮助各种规模的猪场降低发生非洲猪瘟的风险。

　　粮农组织亚太区域办公室感谢本书作者 Andrew Bremang、Jeremy Ho、Anne Conan、Hao Tang、Yooni Oh 和 Dirk Pfeiffer，并认可粮农组织同事 Fusheng Guo、Pawin Padungtod 和 Tosapol Dejyong 对初稿提出的宝贵意见。书稿审定方面，本书得到了全球跨境动物疫病防控框架（GF‐TADs）下设的亚太地区非洲猪瘟专家组成员的大力支持，包括 Carolyn Benigno（Philvet 菲尔维特健康服务公司）、Caitlin Holley（世界动物卫生组织亚太区域代表处）、崔基贤（中国兽医现场流行病学培训项目）和菲律宾动物产业局非洲猪瘟工作组。

　　感谢粮农组织亚太区域办公室跨境动物疫病应急中心区域经理 Kachen Wongsathapornchai 对本书提供的技术指导，和 Daniela Scalise 与 Domingo Caro Ⅲ 对本书的大力支持。

# 缩略语 ACRONYMS

ASF         非洲猪瘟
ASFV       非洲猪瘟病毒
DEFRA     环境、食品和乡村事务部
FAO         联合国粮食及农业组织（简称粮农组织）
IP           疫点
NGOs       非政府组织
OIE         世界动物卫生组织

# 1 引言

　　本书从生物安全、生猪补栏与屠宰三个方面，为东南亚地区国家或中央兽医主管部门（兽医主管部门）、养殖户和猪产业链上的其他利益攸关方提供了小型养猪场适用的非洲猪瘟防控指南。具体而言，包括在小型养殖场或乡村如何利用最佳的生物安全管理实践，如猪只移动管理与屠宰，来控制非洲猪瘟病毒（ASFV）的传播。本书推荐的生物安全措施已为最低要求，既体现了小型养猪价值链条的紧密联系，也考虑到了可能影响措施推广的社会经济因素与习惯。贯彻实施本书措施与其他动物传染病防控条例有助于整体提升农业生产水平，改善养殖户生计。

　　东南亚地区猪只密度高，养殖户以小散户为主，容易造成非洲猪瘟扩散。近期该地区的非洲猪瘟疫情带来了严重的经济社会影响。由于缺乏有效的治疗措施和疫苗，精准防控是目前的唯一手段。实施生物安全措施，并提高小型养猪价值链上关键主体的安全意识，是东南亚地区成功防控非洲猪瘟的关键。然而，绝大多数小散户财力有限，无法负担昂贵的生物安全措施，只有兼具可行性、可持续性与成本效益的措施才能被更多小型养殖户采纳。

## 1.1 生物安全定义

■ 生物安全指为了降低动物疫病、感染或侵染引入动物种群的概率，长期存在和传播风险的一系列管理和物理措施。
■ 猪场生物安全措施由以下三个互相重叠的部分组成：
　▶ 生物排除。避免非洲猪瘟病毒引入猪场的生物安全措施，包括设置围栏、消毒脚踏盆、人员流动管控及检疫隔离；
　▶ 生物管理。控制并保持猪场卫生情况的生物安全措施，包括清洁与消毒、分区管理与废弃物管理；
　▶ 生物防护。防止非洲猪瘟病毒或其他病原体流出猪场的措施，如设置围栏防止散养猪只传播病原体。

## 2 东南亚养猪业利益攸关方在非洲猪瘟生物安全防控方面的职责

■ 做好小养殖户层面的非洲猪瘟生物安全防控需要养猪业价值链各方与兽医主管部门紧密合作。

■ 生物安全措施必须能够激发利益攸关方积极性，包括小养殖户、兽医、兽医主管部门、合作社及产业链市场主体。重要利益攸关方的职责包括：

  ▶ 国家（中央）兽医主管部门

    · 联合各方制定并监督基层人员和价值链其他主体贯彻实施养殖场、区域及国家层面的生物安全措施。

  ▶ 养猪协会与非政府组织（NGOs）

    · 培训并辅助基层人员实施兽医主管部门推荐的生物安全措施。

  ▶ 兽医与现场工作人员

    · 评估猪场场址、风险因素暴露度与猪群卫生管理情况，就非洲猪瘟在本区域猪场的传播风险提供专家意见；

    · 建议养殖户采用清洁与消毒等最佳做法，从而管控风险，保障其投资安全。

  ▶ 小养殖户

    · 在猪场实施最佳生物安全措施，以保障投资安全。

  ▶ 专业辅助人员（村兽医，社区动物卫生工作者）

    · 根据小养殖户需求协助其为生猪注射药物或补充维生素；

    · 向养殖户提供生物安全和猪群管理建议与培训；

    · 向兽医主管部门报告特殊动物卫生事件；

    · 协助兽医主管部门开展疫情监测、检测、防控、生猪补栏等。

## 3 小型猪场的非洲猪瘟防控最低要求

帮助小养殖户降低非洲猪瘟传播风险的生物安全最低要求并非"放之四海而皆准"。养殖户在选择最佳措施前，必须考虑自身养殖场的风险暴露情况，以及非洲猪瘟病毒引入的各种潜在途径。以下是值得关注的一些重要措施：

### 3.1 生猪补栏

■ 为最大程度上降低非洲猪瘟病毒引入猪群的风险，小养殖户应控制补栏频率，尽量按批引入并养殖生猪，待全部售出后再购入下一批。

■ 养殖户应尽可能从未受到非洲猪瘟感染的场所购买后备猪。兽医主管部门应提供一份未发生过非洲猪瘟且有良好声誉的公司或供应商清单。

■ 新补栏的猪应在猪场内其他猪舍或隔离区饲养 14～30 天，以观察有无疫病征兆。良好的卫生管理措施包括每天记录猪群发病率与死亡率。补栏猪只健康情况达标后方可混栏饲养。

## 3.2　饲料与饮水

■ 如保管不当，饲料极易遭到污染。野猪、散养猪、鸟、啮齿动物与其他野生动物可能接触饲料，造成污染，引入传染病病原体并致其传播。

■ 饲料应在猪场指定地点卸货，通常为猪场或储藏间前门。小养殖户若直接从供应商处购买饲料，买回后应将其直接放至存储区。

■ 如不得不采用泔水饲喂，必须将其煮沸 30 分钟以上，杀死病菌后，待其冷却再使用。兽医主管部门或专业辅助人员（如社区动物卫生工作人员）应培训养殖户如何准备泔水或草料。

■ 确保可以获取干净水源，如需储水，储水装置必须密封。

## 3.3　垫草

■ 尽量不要选择有非洲猪瘟病例区域的稻草或垫草。如非洲猪瘟出现局部流行，要在猪场内或离猪场最近的地方选择垫草。

■ 垫草须于室内摆放，避免接触野猪、散养猪和昆虫，可储存在包装袋中，密封或系紧后在屋顶上或靠墙存放。

## 3.4　车辆与设备

■ 兽医主管部门必须和当地养猪业价值链其他利益攸关方合作，向司机和运销商提供生物安全培训，包括正确的消毒方法、如何进行猪场间的安全运输等，以防止非洲猪瘟病毒扩散。

■ 每日使用前及使用后，汽车、摩托车、推车及其他交通工具需清洁消毒。

■ 一切可能与生猪及其排泄物接触的设施设备，如套索、尖锐物品、饲料槽、水槽等，应于猪场内保管，不离开本猪场，也不与其他猪场共享。

## 3.5　物资运抵

■ 猪场条件允许的情况下，由手推车、卡车、车载纸箱或摩托车等运输的物资送抵后应分区管理。

■ 小养殖户应对购买或接收的非有机物资喷洒消毒剂，确保其使用安全。

## 3.6 人员与培训

■ 养殖户家庭成员、猪场管理员或其他人员进出猪场会增加非洲猪瘟病毒传入猪舍的风险。

■ 家庭成员、工作人员和访客必须了解猪场生物安全措施，以降低非洲猪瘟病毒传入风险。可在猪场适宜地点设立指示牌，选用醒目图片并用本地语言加以提醒。

■ 外部工作人员和照顾猪群的养殖户家庭成员须在猪场另备鞋和衣物，进入猪场时应换装。条件允许的情况下，换衣间应设于养殖户房间的地下室或后门。净区与脏区应避免重叠，且设置醒目的分隔标识。猪场工作人员与家庭成员在使用工具或照顾猪群前须用肥皂清洁双手，避免对猪群造成污染。若猪群与人类居住环境重叠，建议在所有入口常设消毒脚踏盆。

## 3.7 野生动物、昆虫和捕猎

■ 目前，软蜱未对亚洲的非洲猪瘟疫情造成影响，但仍建议小养殖户完善猪群管理手段，采取措施防范蜱虫。

■ 防止蜱虫引入猪群的最佳措施是做好猪圈维护与卫生，并施以蜱虫防控手段。散养的家禽、家畜可能接触非洲猪瘟病毒感染的食物，其皮毛、蹄、爪等器官也可能携带非洲猪瘟病毒，感染猪群。猪舍与草场必须受到充分保护，避免野生、散养或伴侣动物进入相关区域。

■ 若猪场附近常有散养猪或野猪出没，可沿猪场周围播撒氢氧化钙（熟石灰），起到预防作用。应定期检查并重新在猪场周围播撒熟石灰粉末（Matsuzaki 等，2021）。

## 3.8 猪粪管理

■ 非洲猪瘟病毒可以在唾液、鼻腔黏液、尿液和粪便中长期存活。因而，设计实施生物安全计划时必须考虑如何安全处理猪粪。

■ 鼓励就地利用猪粪生产沼气。

■ 猪粪不应在猪场外围存储或施洒，妥善的措施是将其安全运输到农田施用，或挖沟填埋。

## 3.9 全面清洁与消毒

■ 为防止引入非洲猪瘟病毒，消毒前应全面清理粪便、尿液、稻草、垫草等有机物。

■ 各级兽医主管部门、养殖户合作社或养猪协会应向小养殖户提供相关培训。清洁过程必须谨慎细致。所有设备、猪舍和隐蔽区域须用洗涤剂彻底清除有机物后再进行消毒。

## 3.10 建议小型猪场采取的非洲猪瘟生物安全重点措施及特点

# 4 疫情期生物安全建议（面向兽医主管部门）

　　生物安全方案对防控遏制非洲猪瘟暴发有重要意义。疫情响应可能需要去往本国（区域）受非洲猪瘟病毒感染的场所、可能有过病毒接触的场所或非疫点。应急人员应小心谨慎，避免造成病毒扩散。各国应按照本国颁布的非洲猪瘟疫情应急方案作出部署，但相关措施必须考虑小养殖户的实际情况，以及价值链上所有潜在的风险传播途径。

## 4.1 确定疫区与疫点

■ 确定疫点后，必须集中力量快速开展防控措施，遏制病毒扩散。
■ 应在疫点及其周边区域实施小型养殖体系适用的严格防控措施，尤其应注意避免与散养猪、野猪接触。
■ 若无猪舍，可采用易操作、人性化的拴系方式，避免场内猪只与散养猪、野猪和软蜱接触。疫情防控期间，设有围栏的小型猪场应采取加固措施。
■ 非洲猪瘟暴发后，若在有明确边界的地理区域发现疫点，则该区域为"疫区"，应施以严格的防控措施。
■ 确定疫区范围时可采用行政边界或其他流行病学方法。
■ 疫区应采取切实可行的防控手段，重点关注屠宰场附近的繁忙道路、猪只密度高的区域、高速公路与铁路。
■ 在小型养殖体系中，仅明确疫区可能不够，因为养殖户与运销商仍有可能非法运输病猪及产品。
■ 非洲猪瘟暴发期间，设置路障、临时关闭道路、加强车辆检查等手段可降低屠宰、运输与恐慌性出售的频率。
■ 疫情初期，考虑到疫情扩散的不确定性，疫区范围应合理扩大。情况明朗后，可缩小疫区范围。
■ 疫情活跃发展期，根据与可疑场所的流行病学关联，住宅、猪场，乃至整个村庄都可能被视为需要防控的流行病学单元。
■ 具体可划分为感染、危险接触、高风险、受监测或非疫点。

## 4.2 疫情防控期间的移动管控

■ 非洲猪瘟暴发期间，隔离检疫与移动管控措施对于防止疫情扩散有重要意义。可能染疫的猪只、受污染产品及疫区的人车移动会加速疫情传播。

■ 兽医主管部门应依法立即采取严格措施，对管控区及相关接触场点的交通实施临时管制或对上述区域实施隔离。

■ 通过制度化措施消灭非洲猪瘟可能并不现实。因而，需通过防控手段尽力减少疫情暴发对养猪业的影响。

■ 无论采取何种防控策略都需要养殖户的大力配合，以便最大程度上避免养殖户偷运可能染疫的猪只及产品。

■ 兽医主管部门应做出安排，向未与疫点、危险接触场点或高风险场点发生过流行病学联系的场点颁发特别许可，允许其在严格的生物安全措施下向屠宰场运输猪只。

## 4.3 生猪运输前准备工作

■ 只有来自无疫区（区域或场点）与获批的管控区的猪只才可运输到其他猪场。为避免忽视不明显的临床症状，这些猪只应至少隔离 15 天再进行运输，确保其未受非洲猪瘟病毒感染。

■ 猪只发出地应确保运输过程符合基本的生物安全条件，且受到兽医主管部门的严格监督。

■ 卡车须严格按照兽医主管部门指定的运输路线行驶，尽量少做停靠。

# 5 感染区域生猪屠宰建议

■ 非洲猪瘟疫情活跃期间，尤其是在兽医主管部门未开展肉品检测的情况下，屠宰活动可能加速疫情传播。

■ 屠宰场工人、屠宰人员与私自屠宰的养殖户可能接触到非洲猪瘟病毒，成为疫情扩散的媒介。

■ 屠宰点应与猪舍保持足够距离。屠宰过程应满足从脏区（猪只制昏、屠宰）到净区（胴体修整、分割）的单向流动原则。

■ 兽医主管部门应确保出售的猪肉盖有专门的合格章，并通过宣传等方式提高公众意识，避免因恐慌而屠宰病猪。

■ 养殖户若自行屠宰，应提高生物安全意识并接受培训，屠宰前首先确认猪只是否有临床症状。

■ 屠宰场必须确保对抵达的所有生猪运输工具（内外）进行彻底的清洁消毒，

尤其应注意车轮、驾驶室内部、隐蔽区域与车底。

■ 屠宰场必须控制场内人员进出与流动，禁止员工到访其他猪场或捕猎。

## 5.1 家庭屠宰

■ 兽医主管部门应确保供人食用的所有肉类均来自定点屠宰场，屠宰过程受到现场检验人员的监督。

■ 应禁止本地屠宰人员跨越猪场实施屠宰。过节有宰猪习惯的农村地区会请本地屠宰人员上门服务。此时，村庄应提前制定方案，请兽医主管部门检验生猪后再进行屠宰，并应就屠宰流程作出规定，如屠宰人员如何流动、是否请多名屠宰人员一同上门服务等。

■ 严格禁止私自屠宰生猪（超过一头）并销售。

■ 养殖户自宰自食应确保：
  ▶ 只屠宰没有临床症状的健康猪只；
  ▶ 在易滤水、易清洁、易消毒的硬质地面进行屠宰，并与猪舍保持充足距离；
  ▶ 屠宰后立即清洁消毒；
  ▶ 不非法运输胴体与肉。

■ 小养殖户、屠宰人员、运销商和消费者需要提高生物安全意识，了解为何禁止私自屠宰生猪并销售，并应认识到继续该种行为可能造成疫情扩散。

■ 兽医主管部门应建立符合实际、简便易行的屠宰场登记制度，以便推广实施。

## 5.2 运往屠宰点

■ 小养殖户若需与屠宰场直接联络并将生猪直接运至屠宰场，应获得兽医主管部门颁发的资质许可。

■ 运输工具如涉及多种，如卡车、拖车与脚踏拖车，在更换运输工具时应彻底清洁消毒。

■ 屠宰场应做好布局，尽量减少运送车辆与其他卡车接触。卸货点不应造成司机、猪只和各类车辆聚集。

■ 屠宰场应尽可能为进出卸猪区的每一种运输工具做好消毒。

■ 养殖户或专职助手应在指定装猪区对运输车辆进行彻底检查。养殖户、司机与助手应充分了解现行的运输禁令，选择获批的运输线路，以避免经过疫区。猪场必须与屠宰场保持密切沟通，直至猪只安全抵达。

## 5.3 屠宰点消毒

■ 屠宰场全体员工与管理层必须接受屠宰场及非洲猪瘟生物安全相关的教育培训。

■ 管理层应根据屠宰场实际情况制定详细的清洁方案，并将生物安全流程纳入其中，确保：

▶ 有专职的清洁消毒团队，团队成员分工明确，各司其职。

▶ 建立畅通的报告渠道，及时上报并纠正违规行为。

▶ 明确列出清洁消毒应遵循的原则。

▶ 全体员工均参与胴体加工及后续相关工作。

■ 屠宰场经营方应做好清洁消毒（不能跳过该步骤），所用能源应根据屠宰场类型而定。家庭屠宰或露天屠宰区域通常使用人工清洁。

■ 屠宰场员工与清洁工应接受清洁消毒培训，尤其应了解如何使用场内工具及设备。

■ 屠宰场应建立标准的清洁消毒流程，包括预清洁、清洁消毒与屠宰后的清洁及消毒。

# 6 疫点与危险接触场点的生猪补栏

■ 一旦确定疫点与危险接触场点后，该区域的猪只必须立即屠宰，并做好胴体处理与杀菌消毒。

■ 兽医主管部门必须掌握明确证据才能认定此前发生非洲猪瘟感染或有过危险接触的场点不再具有病毒传播风险。

■ 若疫点与危险接触场点内未发现致病载体，这些场所应在清洁消毒后至少空置 40 天。

■ 清场后，养殖户可以在兽医主管部门的监督下按照补栏流程，重新引入未经非洲猪瘟感染的健康猪只。

■ 兽医主管部门引入哨兵猪的数量应为正常存栏量的 10%，以尽可能避免疫情复发。若无法满足该条件，应允许养殖户根据自身负担能力引进哨兵猪。

■ 兽医主管部门应对哨兵猪进行至少 6 周的监测，才可批准猪场全面复养。只要存在重新引入非洲猪瘟病毒的可能性，补栏后的猪场就应当一直受到监测。

■ 疫情调查若将软蜱确立为媒介（东南亚尚未有明确证据），猪场应在兽医主管部门的监督下彻底清除软蜱与其他媒介后再进行生猪补栏。

■ 兽医主管部门应对重新补栏的猪场进行至少 60 天的除菌消毒与哨兵猪监测，符合标准后才可放宽有关限制。

# 7 非洲猪瘟生物安全可持续发展建议

本书从猪场屠宰、补栏与生物安全三个方面，为东南亚地区国家或中央兽医主管部门（兽医主管部门）、养殖户和猪价值链上的其他利益攸关方提供了小型养猪场适用的非洲猪瘟防控指南。

具体而言，包括在小型猪场或乡村如何利用最佳的生物安全管理实践，如猪只移动管理与屠宰，来控制非洲猪瘟病毒的传播。本书推荐的生物安全措施已为最低要求，既体现了小型养猪价值链条的紧密联系，也考虑到了可能影响措施推广的社会经济因素与习惯。贯彻实施本书措施与其他动物传染病防控条例有助于整体提升农业生产力，改善养殖户生计。

# 思维导图 | MINDMAP

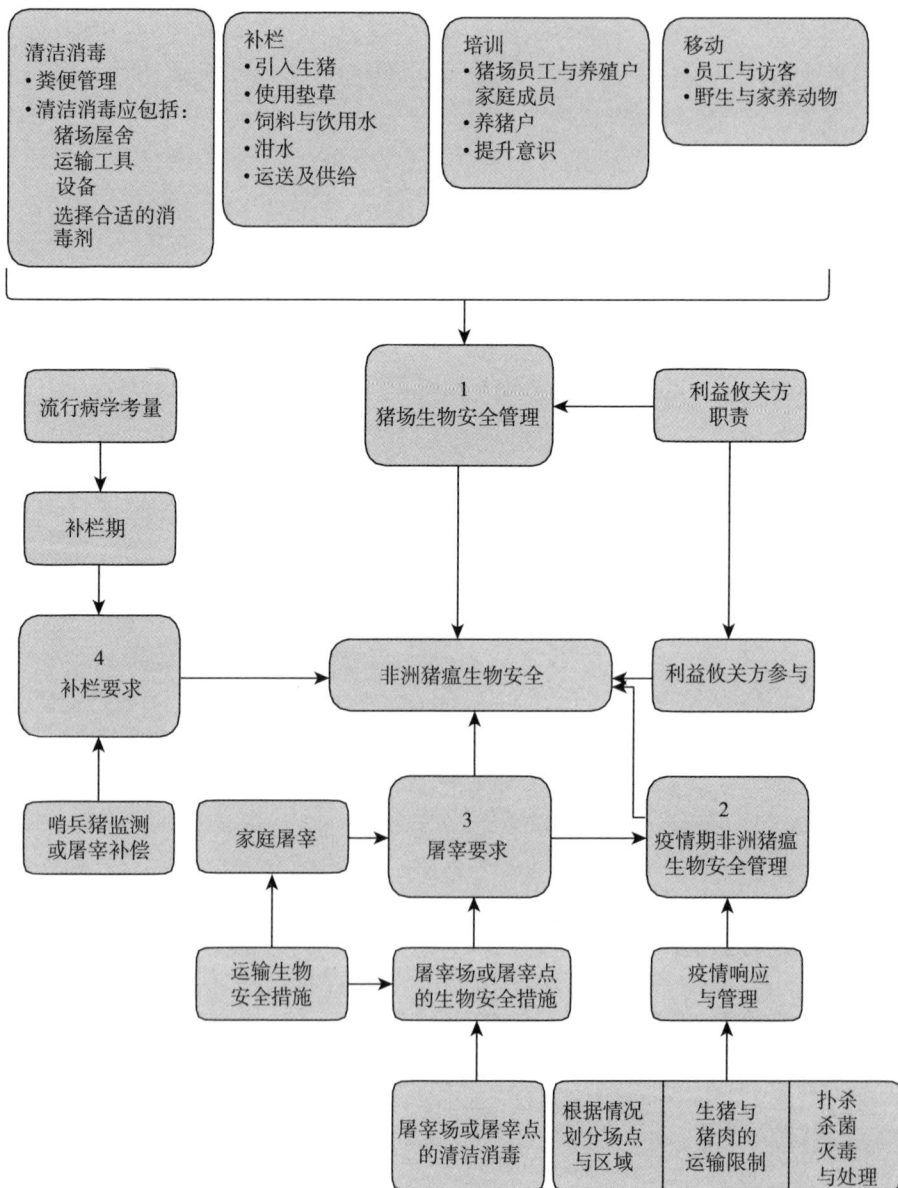

**清洁消毒**
- 粪便管理
- 清洁消毒应包括：
  猪场屋舍
  运输工具
  设备
  选择合适的消毒剂

**补栏**
- 引入生猪
- 使用垫草
- 饲料与饮用水
- 泔水
- 运送及供给

**培训**
- 猪场员工与养殖户家庭成员
- 养猪户
- 提升意识

**移动**
- 员工与访客
- 野生与家养动物

1 猪场生物安全管理

利益攸关方职责

流行病学考量

补栏期

4 补栏要求

非洲猪瘟生物安全

利益攸关方参与

哨兵猪监测或屠宰补偿

家庭屠宰

3 屠宰要求

2 疫情期非洲猪瘟生物安全管理

运输生物安全措施

屠宰场或屠宰点的生物安全措施

疫情响应与管理

屠宰场或屠宰点的清洁消毒

根据情况划分场点与区域

生猪与猪肉的运输限制

扑杀杀菌灭毒与处理

CONTENTS **目　录**

# 1 引 言

生物安全措施对小型养殖场的猪群健康和疫病的防控净化至关重要。现有的基础手段虽然能对部分传染病起到防护作用，但阻止非洲猪瘟病毒的输入与沿猪肉价值链的传播需要更加完备、可行、经济的生物安全措施（粮农组织，2010），且应方便小养殖户及价值链上的其他相关方操作实施（粮农组织，2010）。

有效的生物安全措施需要以疫病的流行病学特征为基础（Bellini 等，2016），包括病原体生物特征、环境存活能力、传播方式及消亡时间等（Bellini 等，2016；粮农组织，2010）。一般性的生物安全措施适用于所有养殖体系和动物疫病，但高效的疫病防控需要更精准的生物安全措施，细致考量疫病情况、家畜类型与养殖体系（Bellini 等，2016；粮农组织，2010）。在小型养殖体系中实施生物安全措施困难重重。总体而言，良好生物安全做法能否推广主要取决于目标群体的社会文化。

自 2009 年起，联合国粮食及农业组织（简称粮农组织，FAO）开始支持制定养猪业生物安全指南，以帮助发展中国家更好地防控传染性猪病。目前已发布的包括由粮农组织、世界动物卫生组织（简称动卫组织，OIE）和世界银行联合出版的《猪场生物安全良好规范》，以及为提高亚洲小型猪场疫病管理效率而出版的三卷本《猪只健康管理》（粮农组织，2012）。这些书籍体现了粮农组织提高农业生产力，促进粮食安全，改善当地经济与生计的目标。自给自足的小规模养猪业是东南亚地区重要的社会文化身份（粮农组织，2012、2020），因而，该地区的非洲猪瘟疫情不仅会对本地猪群造成毁灭性打击，也将严重影响全球粮食安全（粮农组织，2020）。东南亚地区小型养殖户众多，且普遍不采取任何生物安全措施，使得非洲猪瘟长期存在。若要做到有效防护，小型养殖体系必须实施更有针对性的生物安全措施（粮农组织，2012）。

## 1.1 生物安全定义

生物安全指为了降低动物疫病、感染或侵染引入动物种群的概率，长期存在和传播风险的一系列管理和物理措施（动卫组织，2019c）。对小型养猪场而言，生物安全措施指防止猪群染疫，从而保护养殖户投资安全的系列做法。可持续畜牧生产与粮食安全离不开基础的生物安全措施，小养殖户开展标准化、流程化的生物安全措施有助于保障市场顺畅运行，并促进国家非洲猪瘟防控战略的贯彻实施（Deka 等，2014；粮农组织，2010）。

生物安全涉及战略决策、投资、管理、设备使用及人力资源配置（美国农业部和粮食安全与公共卫生中心，2016），需要培训、兽医主管部门监督以及养殖户和其他各方积极参与。《陆生动物卫生法典》指出，有效防止畜群感染传染病的生物安全措施需要包含一套战略计划（世界动物卫生组织，2019c），写明如何管理高风险的病毒入侵途径，可能导致病毒入侵的做法、行为及态度，如何维护猪场生物安全状态及相关知识的普及（Bellini 等，2016；Jurado 等，2018）。

非洲猪瘟防控对于国内贸易网络错综复杂的国家来说尤为艰难（Bellini 等，2016）。疏于管理的陆上边境也纵容了生猪和生猪产品的非法跨境运输（Deka 等，2014）。

本书推荐的生物安全措施操作性强，旨在避免非洲猪瘟病毒引入猪场、在猪场间传播并感染临近猪舍，有助于东南亚小养殖户妥善防控非洲猪瘟。生物安全措施由三个相互交叉的部分组成，分别是生物排除、生物管理与生物防护，这三者构成了制定下文措施的主要原则。以下是对小型养猪场提出的务实建议。

## 1.1.1 生物排除

生物排除与阻止非洲猪瘟病毒引入猪场的务实措施密切相关（Levis 和 Baker，2011）。对大多数畜牧业生产人员来说，生物排除是生物安全措施中最重要的环节，针对的是病原体的入侵途径。不同病原体的入侵途径可能有重合，但非洲猪瘟病毒存在一些特定途径，找到它们才能实现更精准的生物排除。本书对如何做好非洲猪瘟病毒的生物排除提出了务实建议，以便准确识别疫病的引入途径，找到合适的应对方法。典型的生物排除做法包括合理设置围栏、使用消毒脚踏盆、人员控制与隔离新引入猪群等（Levis 和 Baker，2011）。

## 1.1.2 生物管理

生物管理即猪场环境管理，以防止病原体出现，维持猪场的卫生状况（Levis 和 Baker，2011），可视为猪场内部的生物安全措施。常用措施包括清洁消毒、净区与脏区分隔、废弃物处理等，既可联合使用，也可以单独使用

（Levis 和 Baker，2011）。

### 1.1.3 生物防护

作为最容易被忽略的生物安全措施，生物防护有助于避免病原扩散到临近猪场。实施生物防护措施将限制疫病扩散至附近其他猪场（Levis 和 Baker，2011）。在村庄等小型养殖体系中，实施生物防护措施将造福所有养殖户。小型猪场适用的生物防护措施包括设置围栏、猪舍间生猪安全运输等（Levis 和 Baker，2011）。

# 2 东南亚养猪业利益攸关方在非洲猪瘟生物安全防控方面的职责

做好小养殖户层面的非洲猪瘟生物安全防控需要生猪产业链各方与兽医主管部门紧密合作（粮农组织，2017）。将养猪户纳入国家层面的非洲猪瘟生物安全计划不仅有助于提升本国的防控效果，更利于全球防控。养猪户还应加入社区生物安全计划和清洁链体系，以便从产业提升中受益，获得更多本地贸易机会（Deka等，2014）。

让小养殖户实施生物安全措施需要长期教育并加以引导，改变其行为习惯，以降低非洲猪瘟风险（Deka等，2014；粮农组织，2010）。这些措施必须能够激发各方积极性，调动小养殖户、兽医、兽医主管部门、合作社及产业链市场主体共同参与，并能在短期内提供风险管理收益，从而让各方乐于实施，增加投资（粮农组织，2010）。

## 2.1 国家（中央）兽医主管部门

国家（中央）兽医主管部门（"兽医主管部门"）的职责是联合各方制定并监督基层人员和价值链其他主体贯彻实施养殖场、区域及国家层面的生物安全措施（粮农组织，2010）。

### 2.1.1 小规模生猪养殖体系中兽医主管部门的职责

具体职责包括（动卫组织，2017）：

（1）制定生物安全方案，包括清晰、简单的风险管理措施，方案应向养殖户提供短期以及持续收益。

（2）宣传重要生物安全措施，例如保持猪场卫生、对新引入生猪开展例行检疫、病猪隔离、避免用未煮熟的食物残渣饲喂生猪等，敦促养殖户如实记录动物卫生事件。

（3）鼓励官方兽医、现场工作人员、养殖户和养殖协会开展合作，提高各方实施生物安全措施的能力，包括开展培训师培训活动，以便培训师再将知识传授给基层实施人员。

（4）评估并分享各国猪场生物安全最佳实践，宣传多方合作益处。

（5）在疫情暴发后实施防控措施。兽医主管部门负责划分疫点（区）、危险接触场点（区）和无疫点（区），并实施相应的卫生标准。

## 2.2　养猪协会和非政府组织

小养殖户通常未加入协会或质量保证方案，且大多未受过专业训练（Correia-Gomes 等，2017），因而对兽医法规了解有限。由于不用承担严格的质保义务，一些养殖户没有意识到实施生物安全措施的重要性（Correia-Gomes 等，2017）。非政府组织可开展培训，向养殖户传授兽医主管部门推荐的生物安全措施，还应鼓励养殖户参加当地协会或清洁链体系，实现同行间的互促互进，更好地实施生物安全措施。

## 2.3　兽医与现场工作人员

官方兽医或现场工作人员（省级官员、技术人员）代表地方层面的兽医主管部门，协助养殖户实施生物安全措施（世界动物卫生组织，2017）。他们负责评估猪场场址、风险因素暴露度与猪群卫生管理情况，就非洲猪瘟在本区域猪场的传播风险提供专家意见，并建议养殖户采用清洁与消毒等最佳做法，从而管控风险，保障投资安全。

部分私人执业兽医或推广人员负责代表养猪协会确保质量保证方案得以贯彻实施。此种情况下，这类人员（包括兽医、专业辅助人员）与兽医主管部门一起开展工作，确保养殖户接受过完整培训，有效降低非洲猪瘟在猪场间传播的风险。由于部分东南亚国家现场工作人员人手不足，兽医主管部门可与非政府组织合作培训当地养殖户，教授他们如何在小规模养殖体系中实施可持续的生物安全措施。

## 2.4　小养殖户

小养殖户是兽医主管部门、养猪协会、兽医与专业辅助人员多方合作的核心，也是各自猪场生物安全主要负责人，负责保护猪群免受非洲猪瘟感染。小养殖户及其助手必须定期接受生物安全培训，以更好地实施兽医主管部门颁布的非洲猪瘟生物安全指南，避免因猪群染疫带来的投资风险。

生物安全措施若要在小养殖场发挥作用，必须考虑养殖场情况、当地养殖户的行为习惯、措施成本及简易程度（粮农组织，2010）。然而，疫情出现时，兽医主管部门可能需要采取更加积极的防控手段。小养殖户接纳并实施生物安全方案有助于本国防控非洲猪瘟和其他流行性猪病，从而提高生产力，促进经济稳定发展。

## 2.5　专业辅助人员（村兽医，社区动物卫生工作者）

专业辅助人员，即一些东南亚国家的村兽医或社区动物卫生工作人员，负责协助小养殖户开展动物卫生工作。他们通常为私人执业，照顾小养殖户的不同需求，如帮助其注射药物或补充维生素，向其提供建议，或向兽医主管部门报告特殊动物卫生事件。为了赚钱，他们一般每天不止服务一户，但若遇疫情，专业辅助人员应遵守规定，每次服务完应间隔 48 小时再去另一户，同时做好生物安全防护，避免将病毒引入其他猪场。

# 3 小型猪场的非洲猪瘟防控最低要求

针对小规模生猪养殖体系的非洲猪瘟生物安全方案包含适宜的生物排除、生物管理和生物防护手段（Delsart 等，2020）。本章推荐的是小型猪场适用的生物安全措施。但本文建议并不穷尽，因为生物安全领域不存在"放之四海而皆准"的解决方案。不同猪场的位置、环境与操作各不相同，在采纳建议时应考虑各猪场实际情况和可能引发非洲猪瘟的主要风险点。以下列出了小规模生猪养殖体系中潜在的非洲猪瘟病毒传染源：

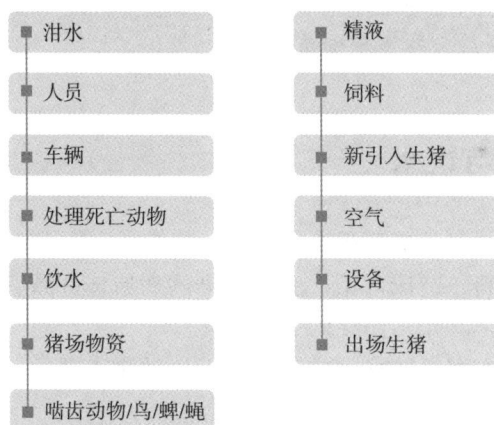

- 泔水
- 人员
- 车辆
- 处理死亡动物
- 饮水
- 猪场物资
- 啮齿动物/鸟/蜱/蝇

- 精液
- 饲料
- 新引入生猪
- 空气
- 设备
- 出场生猪

## 3.1 生猪补栏

- 养殖户应尽可能从未受到非洲猪瘟感染的场所购买后备猪（Belllini 等，2016；Jurado 等，2018；保障猪肉供应计划，2019）。兽医主管部门应提供一份未发生过非洲猪瘟且有良好声誉的生猪公司或供应商清单。
- 将生猪从供应商处运往养猪户，生物安全措施必须做到全覆盖（运输前、中、后）。使用过的汽车、摩托车、猪笼必须彻底清洁消毒（保障猪肉供应计划，2019）。

9

- 空间允许的情况下，养殖户应在猪场外且离猪场一定距离的地方卸猪。如条件不允许，运猪拖车和生猪在进入指定猪舍前必须先经过清洁。
- 新补栏的猪应在猪场内其他猪舍或隔离区饲养14～30天，以观察有无疫病征兆［环境、食品和乡村事务部（DEFRA），2020；保障猪肉供应计划，2019］。良好的卫生管理措施包括每天记录猪群发病率与死亡率。补栏猪只健康情况达标后方可混栏饲养（Levis和Baker，2011）。
- 理想情况下，新引入猪只的隔离期结束之后才可开展下一批补栏。
- 为最大程度上降低非洲猪瘟病毒引入猪群的风险，小养殖户应控制补栏频率（保障猪肉供应计划，2019），尽量按批引入并养殖生猪，待全部售出后再购入下一批。
- 除非猪场加入清洁链体系，否则不推荐猪场间共享公猪。清洁链体系中，共享公猪的移动需按照生猪补栏实施相应措施。

> ◈要点
>
> 　　新补栏的猪应在猪场内其他猪舍或隔离区饲养14～30天，以观察有无疫病征兆。良好的卫生管理措施包括每天记录猪群发病率与死亡率。补栏猪只健康情况达标后方可混栏饲养。

## 3.2　饲料与饮水

- 如保管不当，饲料极易遭到污染。野猪、散养猪、鸟、啮齿动物与其他野生动物可能接触饲料，造成污染，引入传染病病原体并致其传播（Bellini等，2016；粮农组织，2010；Jurado等，2018）。
- 袋装饲料应放置在密闭储藏罐或其他与啮齿动物隔开的储存区（Bellini等，2016；Jurado等，2018）。
- 饲料如遇泄漏须立即清理，以避免吸引啮齿动物或其他野生动物（粮农组织，2010）。
- 谷物、作物、蔬菜、干草和秸秆等饲料受到非洲猪瘟病毒污染的概率很小。但如果当地有非洲猪瘟传播风险，不建议使用新鲜饲料，应至少曝晒30天，起到消杀作用（粮农组织，2010）。
- 饲料应在猪场指定地点卸货（Bellini等，2016），通常为猪场或储藏间前门。小养殖户若直接从供应商处购买饲料，买回后应将其直接放至存储区。
- 兽医主管部门和专业辅助人员应鼓励小养殖户尽可能从声誉较高的公司购买饲料（欧盟委员会，2020）。
- 鼓励小养殖户利用农业废料和农副产品饲喂生猪，避免使用泔水。

- 如不得不使用泔水饲喂，必须将其煮沸 30 分钟以上，杀死病原后（欧盟委员会，2020），待其冷却再使用。
- 兽医主管部门或专业辅助人员应培训养殖户如何准备泔水或草料。
- 兽医主管部门必须和当地其他部门联合出台相关措施，禁止散养饲喂生猪。散养生猪进食的草场和草料容易感染病毒，属于高风险区（欧盟委员会，2020）。
- 确保可以获取干净水源，如需储水，储水装置必须密封（粮农组织，2010；Jurado 等，2018）。

不要将洗肉水当泔水重复利用

最安全的做法是饲喂商业饲料

不推荐泔水饲喂

如使用泔水饲喂，必须煮沸30分钟以上（100℃），并不断搅拌

---

◈**要点**

　　谷物、作物、蔬菜、干草和秸秆等饲料受到非洲猪瘟病毒污染的概率很小。但如果当地有非洲猪瘟传播风险，不建议使用新鲜饲料，应至少曝晒 30 天，使病毒失活。

---

## 3.3　垫草

- 猪舍垫草与饲料和饮用水一样，都有可能将病毒引入健康猪群。有明确证据表明木屑和稻草可能携带其他病原体（欧盟委员会，2020）。
- 垫草须于室内摆放，避免接触野猪、散养猪和昆虫，可储存在包装袋中，密封或系紧后在屋顶上或靠墙存放。
- 养殖户选择稻草作为垫草时，应知晓其来源地，最好不选择接触过野猪、散养猪和其他家畜的稻草。

- 同理，养殖户购买垫草时，也应当了解其来源，确保供应商有专用卡车或拖车运输垫草（Levis 和 Baker，2011）。
- 尽量不要选择有非洲猪瘟病例区域的稻草或垫草（欧盟委员会，2020）。如非洲猪瘟出现局部流行，要在猪场内或离猪场最近的地方选择垫草。

## 3.4　车辆与设备

- 司机与用来运输生猪或饲料的车辆是非洲猪瘟病毒传播的重大风险点。
- 兽医主管部门必须和当地养猪业价值链其他利益攸关方合作，向司机和运销商提供生物安全培训，包括正确的消毒方法、如何进行猪场间的安全运输等，以防止非洲猪瘟病毒扩散。
- 司机必须严格执行生物安全标准流程，在运输生猪时采取相应措施。
- 送货时，司机应停在猪场门口或远离猪舍的地方，在与养殖户交流时，应保持安全距离，避免近距离接触。
- 每日使用前及使用后，汽车、摩托车、推车及其他交通工具需清洁消毒。
- 一切可能与生猪及其排泄物接触的设施设备，如套索、尖锐物品、饲料槽、水槽等，应于猪场内保管，不离开本猪场，也不与其他猪场共享。
- 设备如在猪场间共享，每次使用后必须彻底清洁消毒。

◈要点
　　一切可能与生猪及其排泄物接触的设施设备，如套索、尖锐物品、饲料槽、水槽等，应于猪场内保管，不离开本猪场，也不与其他猪场共享。

## 3.5　物资运抵

- 小养殖户应对购买或接收的非有机物资喷洒消毒剂，确保安全后再使用。
- 猪场条件允许的情况下，物资送抵后应按照运输方式分区管理，如手推车、卡车、车载纸箱或摩托车。
- 小养殖户应考虑在场内划分一片区域，用来存放物资和消耗品，方便在物资安全运抵猪场前进行检查和消毒。
- 小养殖户可能没有专业服务人员需要的大部分工具和设备，因此需要确保这些人员做好设备的清洁消毒。

## 3.6 人员与培训

· 养殖户家庭成员、猪场管理员或其他人员进出猪场会增加非洲猪瘟病毒传入猪舍的风险。

· 家庭成员、工作人员和访客必须了解猪场生物安全措施，以降低非洲猪瘟病毒传入风险。可在猪场适宜地点设立指示牌，选用醒目图片并用本地语言加以提醒。

· 猪场内可设立方向指示牌，引导管理员单向流动，避免在猪舍间来回穿梭。

· 一般情况下，仅养殖户和管理员可以进入猪场和猪舍。作为关键人员，他们必须认识到自身对于阻断非洲猪瘟传播起到重要作用，应避免从事捕猎活动以及进入其他猪场或处理外部生猪。

· 应在猪舍和猪场门口设置消毒脚踏盆，并设立指示牌，提醒入场人员进行脚部消毒。若无指示牌，管理员应确保人人做好消毒工作。

· 任何人（尤其是专业辅助人员）在进入猪场前48小时不应当接触或进入其他猪舍。

· 禁止访客进入猪舍。

· 若购买生猪，买家可与养殖户在猪场门口或离猪场一定距离的地点交易。买家若在猪场内来回走动有可能增加非洲猪瘟传播的风险。在科技的帮助下，养殖户可向买家展示待售生猪的照片或直播卖猪。

· 外部工作人员和照顾猪群的养殖户家庭成员须在猪场另备鞋和衣物，进入猪场时应换装。条件允许的情况下，换衣间应设于养殖户房间的地下室或后门。外部工作人员进入猪场前须用肥皂清洁双手，避免自身或所用工具对猪群造成污染。

13

· 若猪群与人类居住环境重叠，建议在所有入口常设消毒脚踏盆。
· 兽医主管部门和养猪协会的生物安全培训项目应包括人员培训。接受过培训的养殖户在猪场日常工作结束后，应做好鞋履和设备消毒。

> ⊛要点
>    外部工作人员和照顾猪群的养殖户家庭成员须在猪场另备鞋和衣物，进入猪场时应换装。条件允许的情况下，换衣间应设于养殖户房间的地下室或后门。外部工作人员进入猪场前须用肥皂清洁双手，避免自身或所用工具对猪群造成污染。

# 3.7  野生动物、昆虫和捕猎

· 软蜱在叮咬感染猪只的数月乃至数年内，体内都可能携带非洲猪瘟病毒。因此，软蜱可能导致非洲猪瘟的长期流行。
· 目前，软蜱未对亚洲的非洲猪瘟疫情造成影响，但仍建议小养殖户完善猪群管理手段，采取措施防范蜱虫。
· 防止蜱虫被引入猪群的最佳措施是做好猪圈维护与卫生，并施以蜱虫防控手段。
· 鼓励局部使用外寄生虫杀虫剂进行化学防治，如有机磷类（库马磷、敌敌畏、吡虫啉）、拟除虫菊酯类（氯氰菊酯、溴氰菊酯、氟氯氰菊酯）、大环内酯类（伊维菌素）和甲脒类（双甲脒）。部分产品可用于给猪全身药浴，或以浇泼、点涂的方式使用。使用药物前必须征求兽医的意见。
· 可用外寄生虫杀虫剂喷洒缝隙处等蜱虫容易藏身的地方。
· 使用外寄生虫杀虫剂前，养殖户应仔细阅读产品标签或咨询兽医意见。
· 散养的家禽、家畜可能接触非洲猪瘟病毒感染的食物，其皮毛、蹄、爪等器官也可能携带非洲猪瘟病毒，感染猪群。猪舍与草场必须受到充分保护，避免野生、散养或伴侣动物进入相关区域。
· 养殖户或其助手在捕猎当地野猪或其他野外出没的猪科动物后，必须彻底清洁全身，更换鞋和衣服再进入猪舍。
· 养殖户可以和助手轮流打猎，以确保外出打猎的人48小时内不与家猪接触。猎犬不得靠近猪场。
· 禁止屠宰野猪，出售或分销野猪肉。
· 若猪场附近常有散养猪或野猪出没，可沿猪场周围播撒氢氧化钙（熟石灰），起到预防作用。应定期检查并重新在猪场周围播撒熟石灰粉末。

❖**要点**

目前，软蜱未对亚洲的非洲猪瘟疫情造成影响，但仍建议小养殖户完善猪群管理手段，采取措施防范蜱虫。鼓励局部使用外寄生虫杀虫剂进行化学防治，如有机磷类（库马磷、敌敌畏、吡虫啉）、拟除虫菊酯类（氯氰菊酯、溴氰菊酯、氟氯氰菊酯）、大环内酯类（伊维菌素）和甲脒类（双甲脒）。部分产品可用于给猪全身药浴，或以浇泼、点涂的方式使用。使用药物前必须征求兽医的意见。

仅允许授权车辆和人员进入猪场

不要允许除饲养员外的任何人进入猪舍

修建圈舍或围栏以避免与其他猪只接触，推荐使用双层围栏

让新引进的猪只与原来的猪只分开饲养至少30天

已有的母猪仅与已知健康的公猪配种

## 3.8 猪粪管理

· 非洲猪瘟病毒可在唾液、鼻腔黏液、尿液和粪便中长期存活。因此，在设计和实施生物安全计划时，必须考虑谨慎处理猪粪。
· 猪粪不得从猪舍直接排入外部。
· 不同猪场之间不应共用猪粪处理设备，以免增加非洲猪瘟病毒的传播风险。
· 猪粪不应在猪场外围存储或施洒，妥善的措施是将其安全运输到农田施用，或挖沟填埋。
· 猪粪可用于生产沼气。可在（与猪圈或养猪区分隔的）场地内或村一级建立小型沼气厂。为保证养殖户能够有效地使用设备，安装相关设施设备时，还应对养殖户进行培训。

15

- 用于猪粪管理的所有车辆和设备都必须彻底清洁和消毒。人员也必须保持清洁，及时换洗衣物。
- 兽医主管部门应与非政府组织和政府合作，培训养殖户如何合理利用猪粪，如用作肥料、沼气发电等。

⊗要点

　　猪粪不应在猪场外围存储或施洒，妥善的措施是将其安全运输到农田施用，或挖沟填埋。用于粪便管理的所有车辆和设备都必须彻底清洁和消毒。人员也必须保持清洁及时换洗衣物。

## 3.9　全面清洁和消毒程序

- 为防止引入非洲猪瘟病毒，消毒前应全面清理粪便、尿液、稻草和垫草等有机物。这是其他程序之前的重要步骤（粮农组织，2010；Levis 和 Baker，2011；保障猪肉供应计划，2019）。
- 各级兽医主管部门、养殖户合作社或养猪协会应向小养殖户提供相关培训。清洁过程必须注重细节。所有设备、猪舍和隐蔽区域须用洗涤剂彻底清除有机物后再进行消毒。
- 非洲猪瘟病毒可存活于潮湿处，继续感染猪只，因此设备或设施经清洁和消毒后，必须彻底晾干才能使用。
- 水泥地面有助于排尽废水且便于消毒，应鼓励养殖户使用水泥地面。
- 只能使用获得批准的消毒剂，且应遵守制造商提供的使用说明。兽医主管部门和养猪协会或合作社应就消毒剂的正确使用开展培训。
- 农村地区可能难以获得有效防控非洲猪瘟病毒的消毒剂，兽医主管部门可推荐其他有效的消毒剂，并尽可能确保当地市场可获取此类消毒剂。

⊗要点

　　只能使用获得批准的消毒剂，且应遵守制造商提供的使用说明。兽医主管部门和养猪协会或合作社应就消毒剂的正确使用开展培训。

### 3.9.1　清洁和消毒注意事项

　　有效消毒需使用适当的化学品，但化学品的供应情况可能因国家而异。兽医主管部门应确保国内监管部门批准的化学品可在当地获取并得以推广使用。猪场清洁和消毒的正确方法见图 3-1。

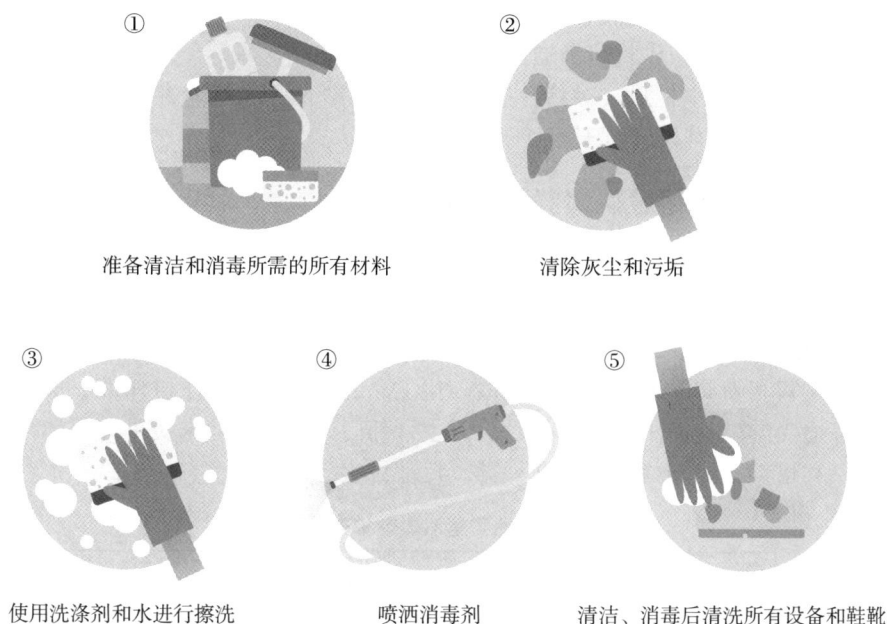

① 准备清洁和消毒所需的所有材料

② 清除灰尘和污垢

③ 使用洗涤剂和水进行擦洗

④ 喷洒消毒剂

⑤ 清洁、消毒后清洗所有设备和鞋靴

图 3-1　猪场清洁和消毒的正确方法

（1）清洁前必须清空猪场。通过清扫、刷洗和擦洗等方式，确保清除猪场内的土壤、粪便、垫草、饲料残渣等有机物。有机物可能会吸收消毒剂，减少消毒剂的接触面积，使消毒过程失效。

（2）地面为混凝土的房舍，必须具有良好的排水体系或沟槽，以便废水流出。

（3）如地面是土质地面，则必须尽量去除地面上的有机物，如稻草垫料、粪便等。

（4）进出猪圈时，应彻底清洗鞋靴，以去除所有有机物。脚踏池（如有）内的消毒液应经常更换。

（5）为达到最佳效果，施用消毒剂后必须保证足够的接触时间。产品标签上应有关于接触时长的信息。

（6）在雨季，消毒剂的效果通常会受到影响。雨水会稀释消毒剂的浓度，尤其是脚踏池中的消毒液。此外，在炎热的季节（如夏天），消毒剂会很快蒸发或干涸。良好的做法是定期检查脚踏消毒池。

（7）不应在现场掺混消毒剂。除了存在安全隐患，消毒效果也会大打折扣。

（8）在使用消毒剂时，应始终采取安全措施。例如，混合使用碱性和酸性消毒剂会使消毒剂失效。应认真遵守使用说明，以避免伤害自己和动物。使用

17

化学品时必须始终佩戴橡胶手套和口罩。

（9）消毒后，应先将猪舍通风并晾干，再让猪只进入。

（10）待猪舍空栏后，对猪舍进行清洁和消毒。清洁与消毒完毕后，猪舍应空置一段时间再让猪群归栏。

## 3.9.2 非洲猪瘟病毒消杀建议

在选择针对非洲猪瘟病毒的消毒剂时必须考虑到，该病毒可在血液、粪便、分泌物和动物组织中长期存活。消毒的目的是使病毒失活，可通过物理（热）或化学手段或两者结合的方式实现。彻底清除有机物后，可使用以下化学品对材料和硬质建筑结构进行消毒。化学品的选择将取决于可用性、成本和是否有适当的设备使用该化学品。兽医主管部门或辅助专业人员可为养殖户提供建议和培训。非洲猪瘟消毒剂种类及特性见表3-1。

表3-1　非洲猪瘟消毒剂种类及特性

| 消毒剂 | 特性 |
| --- | --- |
| 氢氧化钠<br>（NaOH）；烧碱 | ✓ 2012年美国职业安全与健康管理局《危险通报标准》（29 CFR 1910.1200）将此化学品视为危险品<br>✓ 危害<br>・造成严重皮肤灼伤和眼损伤<br>・可能腐蚀金属<br>・可能刺激呼吸道<br>✓ 预防措施<br>・佩戴防护手套（防护服、防护眼罩、防护面具）<br>・仅在室外或通风良好的地方使用<br>✓ 环境危害<br>・不要将该物质倒入下水道。该物质对水生生物和环境有害，不能在环境中长期存在，且溶于水，可能会在环境中流动 |
| 次氯酸盐<br>[NaClO，Ca（ClO）$_2$] | ✓ 0.03%至0.007 5%浓度的氯能有效杀死非洲猪瘟病毒，且能观察到剂量-效应关系<br>✓ I类危险品<br>✓ 危害<br>・危险说明：可能腐蚀金属<br>・造成严重的皮肤灼伤和眼损伤<br>・造成严重眼损伤<br>✓ 次氯酸钠的毒性和腐蚀性与浓度有关。浓度高于家用漂白剂的工业级漂白剂具有更强的毒性和腐蚀性<br>✓ 环境危害<br>・该物质为无机物，无法被生物降解，不会在环境中持久存在。该物质不会在生物体内发生富集。该物质对鱼类、无脊椎动物、两栖动物和植物有害 |

（续）

| 消毒剂 | 特性 |
|---|---|
| 聚维酮碘 | ✓ 5%浓度的聚维酮碘可用作消毒杀菌剂，预防细菌感染。杀菌剂：有助于杀灭细菌和病毒<br>✓ 2012 年美国职业安全与健康管理局（OSHA）《危险通报标准》（29 CFR 1910.1200）将该化学品视为危险品<br>✓ 危害<br>·长期或反复接触会对器官造成损害<br>·对眼睛造成严重刺激<br>·引起皮肤过敏<br>·吸入有害<br>·吞咽有害<br>·皮肤接触有害<br>·可能腐蚀金属<br>·可能导致嗜睡或头晕<br>·可能刺激呼吸道 |
| 三碘化四甘氨酸钾（$I_3K$） | ✓ 碘浓度为 0.015%至 0.007 5%时，对非洲猪瘟病毒非常有效，但未观察到剂量-效应关系<br>✓ 危害<br>·避免吸入含碘的蒸气、喷雾或其他气体。确保通风良好<br>✓ 遇火分解生成危险产物<br>✓ 环境危害<br>·急性水生毒性（Ⅲ类）<br>·对水生生物有害<br>·避免排入环境<br>·对水生环境有害（急性危害）<br>·在确保安全的情况下，防止进一步泄漏或溢出。不要排入下水道。必须避免排入环境 |
| 烷基苯磺酸盐（$C_{18}H_{29}NaO_3S$）：洗涤剂 | ✓ 洗涤剂是一种表面活性剂或表面活性剂混合物，在稀释溶液中具有清洁特性<br>✓ 生物降解性受异构化（此处指"支化"）的影响。线性化合物的生物降解速度远快于支化化合物，因此长期使用更安全<br>✓ 在有氧条件下，洗涤剂会迅速被生物降解，半衰期为 1～3 周；氧化降解始于烷基链<br>✓ 在厌氧条件下，洗涤剂的降解速度非常缓慢，甚至根本无法降解，导致其在污水污泥中的浓度很高，但无需担忧，因为一旦回到含氧环境中，洗涤剂就会被迅速降解 |

（续）

| 消毒剂 | 特性 |
| --- | --- |
| 氢氧化钠和聚氧化乙烯混合物 | ✓ 浓度为 5%～10% 的氢氧化钠、浓度为 2.5%～5% 的聚氧化乙烯<br>✓ 该消毒剂是一种高碱性的非离子、两性表面活性剂混合物，其水溶液可作为螯合剂，具有卓越的硬水性能<br>✓ 危害<br>　·造成严重的皮肤灼伤和眼损伤<br>　·造成严重烧伤<br>✓ 燃烧分解生成危险产物：二氧化碳（$CO_2$）、一氧化碳（CO）<br>✓ 环境危害<br>　·消毒剂配方通常是根据其环境特性（如生物降解性）设计的。该配方符合欧洲洗涤剂法规（648/2004/EC）规定的生物降解性要求<br>　·不可污染地表水。不可将产品排入下水道<br>✓ 处理方法：根据当地水务局规定，通过排污管道或其他处理设施，将少量混合物稀释成废水 |
| 氧化酮混合物<br>（$2KHSO_5 \cdot KHSO_4 \cdot K_2SO_4$） | ✓ 成分包括氧酮（过氧化单硫酸钾）、十二烷基苯磺酸钠、氨基磺酸和无机缓冲剂<br>✓ 过氧化物混合物的广谱效用会不断增强，有效对付现有和新出现的致病生命体，特别是病毒性病原体，如非洲猪瘟病毒、口蹄疫病毒和特定的高致病性禽流感毒株<br>✓ 危害<br>　·粉末具有腐蚀性<br>　·造成皮肤灼伤和不可逆的眼损伤<br>　·吞咽、皮肤吸收或吸入有害<br>✓ 环境危害<br>　·可生物降解<br>　·对废物处理厂没有影响 |
| 季铵化合物<br>（双癸基二甲基氯化铵） | ✓ 0.003% 的低浓度季铵化合物对非洲猪瘟病毒非常有效<br>✓ 成分<br>　·双十烷基二甲基氯化铵易于生物降解<br>　·烷基二甲基苄基氯化铵易于生物降解<br>　·乙二胺四乙酸四钠不易生物降解<br>　·乙醇易于生物降解<br>✓ 危害<br>　·造成严重眼损伤<br>　·造成严重皮肤灼伤和眼损伤<br>　·液态和气态易燃<br>　·吞咽有害<br>　·皮肤接触有害<br>✓ 环境危害<br>　·除正常使用外，避免向环境排放。若按照标签说明使用，预计不会对环境造成不良影响 |

（续）

| 消毒剂 | 特性 |
|---|---|
| 二氯异氰尿酸钠（$C_3Cl_2N_3NaO_3$）：漂白剂 | ✓ 危害<br>　·造成严重眼损伤<br>　·造成严重皮肤灼伤和眼损伤<br>　·吞咽有害<br>✓ 可能加剧火灾（氧化剂）<br>✓ 环境危害<br>　·对水生生物有剧毒且影响持久<br>　·在确保安全的情况下，防止进一步泄漏或溢出。不要排入下水道<br>　·不得向环境排放。防止消毒剂流入水源，一旦发生，立即监测有效氯和pH。将可能产生的污染告知所有下游居民 |
| 柠檬酸（$C_6H_8O_7$） | ✓ 危害<br>　·造成严重眼损伤<br>　·引起皮肤过敏<br>　·可能刺激呼吸道<br>✓ 本产品遇火会释放一氧化碳和二氧化碳<br>✓ 环境危害<br>　·没有政府许可，不得排入环境。不得将未稀释或大量产品排入地下水、水道或污水体系。避免流入环境 |
| 甲酸（HCOOH） | ✓ 2012年美国职业安全与健康管理局（OSHA）《危险通报标准》（29 CFR 1910.1200）将该化学品归为危险品<br>✓ 危害<br>　·造成严重皮肤灼伤和眼损伤<br>　·液态和气态易燃<br>　·吞咽有害<br>　·可能刺激呼吸道<br>　·吸入有毒<br>✓ 危险燃烧产物：一氧化碳、二氧化碳、氢气。受热分解可释放刺激性气体和蒸气<br>✓ 强还原剂，与氧化剂接触有起火和爆炸危险。具有吸湿性、热敏性。可分解为水和二氧化碳<br>✓ 远离明火、热表面和火源。避免接触潮湿空气或水<br>✓ 环境危害<br>　·含有对水生生物有害的物质<br>　·可与水混溶，不能在环境中持续存在<br>　·具有水溶性，可能在环境中流动 |

### 3.9.2.1  猪场（猪圈）消毒

✓ 应及时清理猪圈中的废弃物，以改善猪场的卫生与环境状况。

✓ 应在离猪圈尽可能远的地方设立一个指定区域（如空间有限，可设立一个容器），用于临时存放待处理的废弃物。应立即（若可能）或至少每天早上处理废弃物。

✓ 猪场、猪圈、工作服、鞋靴和设备必须定期清洁和消毒。通常情况下，养殖户在照料牲畜时会穿着朴素的家居服。工作结束后，养殖户应立即更换并清洗用过的工作服。

✓ 考虑到环境温度和安全措施，消毒剂应有足够的停留时间，确保有效杀灭病毒。

✓ 饲料废料、粪便和垫草可能含有大量污染物，必须清除并妥善处理，以免干扰消毒剂发挥作用。

✓ 体积较大的设备应先移出原位，再清洁消毒。设备下方的地板必须用洗涤剂彻底清洗后再消毒。

✓ 翻转并排空所有饲喂器，以便对其下表面妥善消毒。

✓ 如有可能，最好在消毒前用热肥皂水高压冲洗表面，以清除所有残留物。也可以用肥皂和水充分刷洗。

✓ 选取合适的消毒剂对猪只可能接触到的所有设备和表面进行消毒。

✓ 补栏前，必须留有足够时间对猪场进行清洁和消毒。在猪场干燥期间，可以利用阳光更好地消杀隐藏在潮湿、阴暗缝隙中的病原体。

✓ 应定期清洗农服和鞋靴，以消除血迹、粪便和分泌物等污渍。

✓ 患病、隔离动物用过的所有设备在用于健康动物之前都必须清洁消毒。

### 3.9.2.2 脚踏池

✓ 养殖户踏入含有消毒液的脚踏池进行消毒前，必须确保鞋靴干净且已清除所有有机物，消毒后方可进入猪场。理想情况下，在脚踏池中停留5分钟就足以保证病毒失活。

✓ 禁止踏入脚踏池后立即踏出（踏入脚踏池后，从60倒数到1，这一方法十分实用，可用最少的时间对鞋靴进行有效消毒）。许多小养殖户的猪场中，脚踏池维护不当。若无法妥善维护脚踏池，应在猪圈入口处换鞋。使用脚踏池的注意事项包括：

· 不得使用有漏隙的靴子；

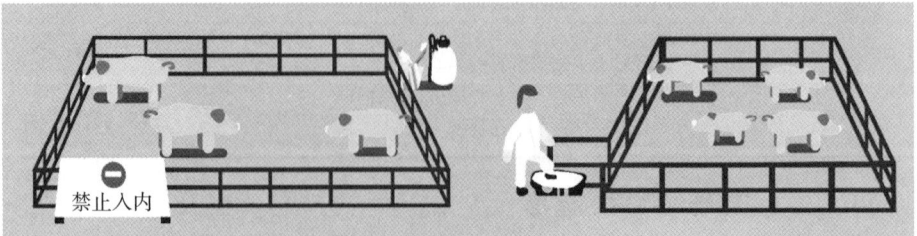

· 脚踏池周围划出净区和脏区，并强制执行；

· 在踏入脚踏池之前，预先（用刷子和水）清洗靴子上的有机物。这有助于降低消毒液的更换频率，进而控制成本。

### 3.9.2.3　汽车（含卡车）、摩托车消毒

运送饲料、垫草、生猪等的汽车（含卡车）和其他运输工具及司机均有可能将非洲猪瘟病毒传播到目的地猪场。这些车辆可能是私人所有，也可能是商业运营车辆。车辆在猪场间运输各种物资时，往往会带来风险。不同运输工具的清洁和消毒步骤包括：

✓ 所有开往猪场的运输工具必须在猪场外围合适的距离处装卸。

✓ 条件允许的情况下，必须指定一个室外的硬质地面区域对所有返回猪场的车辆和归还的设备进行清洁。

✓ 商用车辆从一个猪场到达下一个猪场前，应使用适当喷雾剂对车轮消毒。

✓ 应在猪场指定区域停放私有车辆、放置收纳相关设备。车辆和设备在每次使用前都必须清洗消毒并晾干。

✓ 运输过程中，车辆与生猪接触的区域必须清洁干净，包括车轮、底部和隐蔽区域。

✓ 进行清洁和消毒的家庭成员或管理员不得在猪圈内工作。若无法避免，该工作人员在进入猪圈前必须淋浴、更衣和消毒。

✓ 运输车辆的内部清洁较为困难。养殖户可以考虑使用易于清洗、晾干的塑料地垫。选择消毒剂时必须考虑车辆的材料、类型和孔隙率，例如木质、金属或塑料表面应选用不同的消毒剂。

✓ 小养殖户可能无法要求运输车辆在抵达猪场前进行清洁和消毒。不过，村主任可以在村内设置指定区域（覆盖本村养猪户），列出在该区域内清洁和消毒的必要程序（图 3-2、图 3-3）。由于一个村庄通常不止一个养猪户，这种村主任领导的集体方法可以让猪贩和其他群体参与进来，合作实施简单的生物安全措施。

© 粮农组织和柬埔寨动物卫生与生产总局

◈**要点**

　　小养殖户可能无法要求运输车辆在抵达猪场前进行清洁和消毒。不过，村主任可以在村内设置指定区域（覆盖本村养猪户），列出在该区域内清洁和消毒的必要程序。由于一个村庄通常不止一个养猪户，这种村主任领导的集体方法可以让猪贩和其他群体参与进来，合作实施简单的生物安全措施。

A. 初步清理

| 步骤1 | 步骤2 | 步骤3 | 步骤4 |
|---|---|---|---|
| 穿戴全套个人防护设备（工作服、个人防护眼罩、靴子和手套） | 刮擦车辆内外表面，包括底板、车顶、侧壁和分隔门 | 刮擦并刷洗装猪区、设备、猪笼（如有）表面 | 清除车轮、车轮拱罩、挡泥板和外露底盘上沉积的泥土、稻草等 |

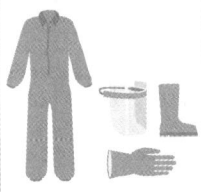

B. 洗涤剂清洗与高压冲洗

| 步骤1 | 步骤2 | 步骤3 | 步骤4 |
|---|---|---|---|
| 自上而下清洁车辆外部，尤其注意车轮、轮拱罩和挡泥板 | 清洗车辆内外表面，包括车内底板、车顶、侧壁和分隔门 | 清洗装猪区和设备（如有） | 清洗所有车内设备和工具 |

| 步骤5 | 步骤6 | 步骤7 |
|---|---|---|
| 用洗涤剂清洁车辆，洗涤剂至少停留20分钟 | 用清水冲洗所有表面和设备（若可能，建议使用高压） | 检查所有内外表面，确保彻底清洁 |

图 3-2　车辆清理步骤

A. 初步消毒

步骤1

穿戴全套个人防护设备（工作服、个人防护眼罩、靴子和手套）

步骤2

自上而下清洁外部，尤其注意车轮、轮拱罩、挡泥板和车底

步骤3

在车内，从顶板开始向下，对车顶、侧壁、分隔门、底板和后挡板进行消毒

步骤4

消毒所有车辆设备和工具

B. 驾驶室消毒和收尾步骤

步骤1

移开脚垫，用刷子将碎屑和有机物扫入垃圾袋进行处理

步骤2

清洗驾驶室地板、垫子和车辆踏板

步骤3

用蘸有消毒液的干净抹布对驾驶室地板、垫子和地板踏板进行消毒

步骤4

将车辆停放在斜坡上，以便排水和干燥

步骤5

移走车辆后，冲洗该区域的残留废弃物

步骤6

对工作服和鞋靴进行消毒

图 3-3 车辆消毒步骤

## 3.10　建议小型猪场采取的非洲猪瘟生物安全重点措施及特点

| 生物安全措施 | 有效性 | | 可行性/实用性 | | 可持续性 | |
|---|---|---|---|---|---|---|
| | 降低风险效果 | 效果持久性 | 实施便捷性 | 实施成本 | 对生产的干扰程度 | 当地接受度 |
| **生猪补栏** | | | | | | |
| 只从值得信赖的非洲猪瘟无疫来源获取后备猪只 | +++ | +++ | ++ | $ $ $ | — — | +++ |
| 运输生猪前后，清洁并消毒车辆和其他运输工具 | +++ | ++ | ++ | $ $ $ | — — | ++ |
| 在指定区域装卸 | ++ | ++ | + | $ | — | + |
| 将补栏的生猪安置在其他猪圈中 | +++ | +++ | Ι | Ø | — | ++ |
| 检疫期结束前不再进行补栏 | ++ | + | + | $ $ | — — — | + |
| 限制补栏频率 | ++ | + | + | $ | — — — | + |
| **饲料和水** | | | | | | |
| 防止啮齿动物接触储存的饲料 | + | + | ++ | $ $ | — | +++ |
| 避免饲料溢出，如有溢出，立即清除 | + | + | +++ | Ø | — | +++ |
| 晒干草料 | ++ | ++ | + | Ø | — | ++ |
| 使用来源可靠的饲料 | ++ | + | + | $ | — — — | + |
| 在指定区域运送饲料 | ++ | ++ | +++ | $ | — | + |
| 避免喂食泔水或将泔水煮沸至少30分钟后喂食 | +++ | +++ | + | $ | | ++ |
| 圈养猪只，防止其外出觅食 | +++ | +++ | +++ | $ $ | — | +++ |
| 确保水源干净，并储存在带盖容器中 | ++ | ++ | +++ | $ | — | ++ |
| **垫草** | | | | | | |
| 避免露天存放垫草 | ++ | ++ | +++ | Ø | — | ++ |
| 确保垫草来自非洲猪瘟无疫区 | +++ | ++ | + | $ | — | + |

| 生物安全措施 | 有效性 | | 可行性/实用性 | | 可持续性 | |
|---|---|---|---|---|---|---|
| | 降低风险效果 | 效果持久性 | 实施便捷性 | 实施成本 | 对生产的干扰程度 | 当地接受度 |
| 车辆和设备 | | | | | | |
| 为猪肉价值链上的人员提供培训 | +++ | +++ | ++ | $ $ $ | — | ++ |
| 确保驾驶员遵守生物安全措施 | +++ | +++ | ++ | $ $ | — — | ++ |
| 清洁和消毒汽车、摩托车、手推车 | +++ | +++ | ++ | $ $ | — — | ++ |
| 避免共用仪器和设备 | +++ | +++ | +++ | $ | | ++ |
| 划定专门进行车辆与设备清洁消毒的区域 | ++ | ++ | ++ | $ | | ++ |
| 物资运抵 | | | | | | |
| 在合适的地方对接收的所有物资进行消毒 | +++ | +++ | ++ | $ $ | — | ++ |
| 对运抵猪场的物资进行分区管理 | ++ | ++ | +++ | $ | — | ++ |
| 进入猪场前，对服务人员使用的工具和设备进行清洁和消毒 | +++ | ++ | ++ | $ $ | — | ++ |
| 人员与培训 | | | | | | |
| 控制人员流量 | +++ | ++ | ++ | $ | — | ++ |
| 设置醒目标志，附加生物安全警告标语 | +++ | +++ | +++ | $ | | ++ |
| 为管理员和工作人员设置单向走动路线 | +++ | +++ | ++ | $ | — | + |
| 在猪场和栏舍入口处设置脚踏池 | +++ | +++ | ++ | $ $ $ | — | ++ |
| 为收购商和中间商制定生物安全规范 | +++ | +++ | + | $ $ | — — | ++ |
| 确保工作人员在进入猪场前按要求淋浴、更衣 | +++ | +++ | ++ | $ $ | — | ++ |
| 确保对养殖户和猪场员工进行清洁和消毒培训 | +++ | +++ | ++ | $ $ $ | — — | ++ |

（续）

| 生物安全措施 | 有效性 | | 可行性/实用性 | | 可持续性 | |
|---|---|---|---|---|---|---|
| | 降低风险效果 | 效果持久性 | 实施便捷性 | 实施成本 | 对生产的干扰程度 | 当地接受度 |
| 野生动物、昆虫和捕猎 | | | | | | |
| 猪场内开展蜱虫防控 | ++ | ++ | + | $$$ | −− | + |
| 采取蜱虫化学防控措施 | ++ | +++ | + | $$$ | −− | + |
| 保持场内良好卫生条件 | +++ | +++ | ++ | $ | − | ++ |
| 避免家禽与其他家畜接近猪圈 | +++ | +++ | ++ | $ | −− | + |
| 确保打猎者至少等待48小时后再接触猪只 | +++ | +++ | ++ | $ | − | ++ |
| 猪粪管理 | | | | | | |
| 确保妥当处理猪粪 | +++ | +++ | ++ | $ | | ++ |
| 制定粪便沼气计划 | +++ | +++ | + | $$ | − | ++ |
| 妥善清洁并消毒运输粪便的车辆 | +++ | +++ | ++ | $$$ | | ++ |

注：+++显著正面效果、++中度正面效果、+微弱正面效果、−微弱负面效果、−−中度负面效果、−−−显著负面效果、$$$高成本、$$中等成本、$低成本、∅最低成本。

# 4 疫情期生物安全建议
## （面向兽医主管部门）

生物安全规范对于防控和遏制非洲猪瘟暴发至关重要（美国农业部、食品安全和公共卫生中心，2016）。在某些情况下，国家会采取多项应急预案内的措施，从而在疫情暴发时及时控制、消灭疫情。疫情防控可能需要防控人员去往某个国家或地区内感染、接触或尚未感染非洲猪瘟病毒的场点。因此，防控人员必须小心谨慎，避免传播病毒。无论何种情况下，生物安全措施均旨在将非洲猪瘟病毒控制在疫点内，防止其向非疫点传播（美国农业部、食品安全和公共卫生中心，2016）。

一片地理区域可能被划分为疫区或非疫区，如果该区域内的猪场受到感染即启动防控措施（美国农业部、食品安全和公共卫生中心，2016）。疫情经报告和确定后，溯源方案有助于迅速确定"疫点"和"危险接触点"。溯源应查明猪只和猪产品进出疫点的所有流动情况，通常应追溯至过去30天（粮农组织，2009；美国农业部、食品安全和公共卫生中心，2016）。各国应按照本国制定的非洲猪瘟应对计划（如有）执行。然而，生物安全规范必须考虑小型生产单位的实际情况，以及猪肉价值链上的所有风险传播途径。清洁和消毒是疫情暴发期生物安全规范中的重要步骤。

ⓒ 牛津大学热带医学研究部和悉尼大学/N.Matsumoto

## 4.1　确定疫点与疫区

确定疫点后，必须集中力量快速开展防控措施，遏制疫情扩散（粮农组织，2009）。欧洲和亚洲的经验表明，小型养猪体系容易造成非洲猪瘟病毒持续传播，疫情暴发时应对其给予特别关注。考虑到各国的具体情况，部分国家小型猪场众多，在全国消灭非洲猪瘟可能并不现实。因此，除现有的卫生措施外，各国还应在国家非洲猪瘟应急预案中制定针对小养殖户的防控措施。疫情暴发期间，兽医主管部门和当地官员可采纳的重要生物安全措施如下：

✓ 在疫点及其周边地区，应针对小型养殖体系采取严格措施，特别应防止散养家猪与野猪接触。

✓ 未出现疫情时，必须对散养家猪实施管控；但如果疫情已经暴发，应说服养殖户圈养猪只。

✓ 如猪舍数量不足，可采用易操作、人性化的拴养方法，这对于防止场内猪只与散养猪、野猪和软蜱接触至关重要。有围栏的小型猪场应在疫情暴发时采取加固措施。

✓ 如果小养殖户能够负担猪舍改造，对露天圈养的猪场可采用双层围栏。如猪场有水泥或木制猪舍，则外围可使用单层围栏。

✓ 疫情暴发期间，小养殖户应采取如下措施：

  · 增加清洁和消毒频率；

  · 对圈舍条件简陋和散养的家猪采取隔离措施；

  · 切勿补栏。

### 4.1.1　区域化管理

"区域"指出于预防、控制或国际贸易的目的，兽医主管部门根据自然或行政边界划分出的国家或领土的一部分，该区域内的动物种群或亚群相对某种特定疫病（如非洲猪瘟）具有特定的卫生状况（动卫组织，2019a）。非洲猪瘟疫情防控期间，如有明确边界的地理区域内有已确定的疫点，则该区域被认定为疫区，采取强化遏制措施（粮农组织，2009；动卫组织，2019a）。当疫区半径相互重叠或超出城市边界时，疫区的划定通常以疑似疫点为圆心，并以某半径延伸，或以染疫村庄为基本流行病学单位。确定疫区范围时可采用行政边界或其他流行病学方法（动卫组织，2019a）。疫区应采取切实可行的防控手段，重点关注涉及屠宰点的繁忙道路、生猪密度高的地区、高速公路和铁路。在小型养猪体系中，仅划定疫区可能还不够，因为养殖户和运销商仍可能参与染疫猪只和猪产品的非法运输（美国农业部、食品安全和公共卫生中心，2016）。

兽医主管部门必须与负责安全的官员联手加强疫情防控。有条件的情况下，安全官员必须对非常规运输路线（特别是摩托车行驶路线）进行巡逻。设置路障、临时关闭道路和加强车辆检查，能减少疫情暴发后的恐慌性销售，降低屠宰和运输频率。上述举措能够帮助小型猪场成功遏制非洲猪瘟病毒的传播。表4-1为疫情相关各类区域的划定与定义。

　　涉疫区域的划分，以及相关防控措施的规划部署，只需要马克笔、地图、硬纸板（路标）、纸等简单物资便足以启动（粮农组织，2019）。

**表4-1　区域划定与定义**（美国农业部外来动物疫病防备和应对计划）

| 区　域 | 定　义 |
| --- | --- |
| 疫区（IZ） | 紧邻疫点的区域 |
| 缓冲区（BZ） | 紧邻疫区或危险接触场点的区域 |
| 管控区（CA） | 包括疫区和缓冲区 |
| 监测区（SZ） | 管控区边界沿线（及以外）区域 |
| 无疫区（FA） | 管控区之外的区域 |

　　资料来源：美国农业部、食品安全和公共卫生中心，2016。

#### 4.1.1.1　疫区

　　疫区指已确认感染非洲猪瘟病毒的区域（动卫组织，2019a）。若某国某区域暴发非洲猪瘟疫情，则该国此区域为疫区。或某国原本无疫情，但某一区域最近出现非洲猪瘟病毒入侵或再次传入，则该区域划为疫区（美国农业部、食品安全和公共卫生中心，2016；动卫组织，2019a）。在疫情活跃期间，疫区指的是已确定染疫的猪场、家庭或村庄所包围的区域。疫区的边界由兽医主管部门结合流行病学形势、社会因素、地理或行政划分（美国农业部、食品安全和公共卫生中心，2016）进行界定。考虑到疫情暴发期间的病毒传播特点，通过半径划定区域可能不切实际（美国农业部、食品安全和公共卫生中心，2016）。不过，小养殖户猪肉价值链网络中的关键点可能导致疫区内病毒的远距离传播，故应划入疫区（粮农组织，2009）。动卫组织《陆生动物卫生法典》第15.1.3条提供了恢复无疫状态的建议步骤（动卫组织，2019b）。在疫情暴发之初，考虑到传播范围的不确定性，应扩大疫区的界定范围，随着掌握信息愈加全面，再逐步缩小范围（美国农业部、食品安全和公共卫生中心，2016）。

　　非洲猪瘟流行国家可采取分阶段的方式，先对较小的、已知无疫的区域实施严格的生物安全和卫生措施，逐步建立无疫区。除强化监控外，无疫区的卫生措施还应包括检疫和移动管控，以及对生猪市场、家庭屠宰和屠宰场屠宰进行严格监管。养殖户如能采纳本书推荐的生物安全做法，则更有利于无疫区的建立。

#### 4.1.1.2　缓冲区

紧邻疫点的区域（美国农业部、食品安全和公共卫生中心，2016）。

#### 4.1.1.3　管控区

疫区与缓冲区的总和。

#### 4.1.1.4　监测区

管控区边界沿线（及以外）区域，覆盖面积较大，可能跨越多个行政区域（美国农业部、食品安全和公共卫生中心，2016）。

#### 4.1.1.5　无疫区

非洲猪瘟无疫区包括管控区以外的整个区域，监测区也属于无疫区（美国农业部、食品安全和公共卫生中心，2016）。疫情暴发时，得益于国家整体对非洲猪瘟病毒入侵的高度警戒，无疫区也会受到更有力的保护。首次暴发疫情的国家应在本国非洲猪瘟无疫区内加强监测，同时在疫区内执行严格的检疫和生物安全措施。

### 4.1.2　疫情防控期间小型场点的划定

非洲猪瘟暴发期间，家庭、猪场甚至整个村庄等场点将成为疫情防控重点关注的流行病学单位。根据这些场点与其他已确定染疫场点间的流行病学联系，这些场点可被认定为疫点、危险接触场点、高风险场点、监测点或无疫点（美国农业部、食品安全和公共卫生中心，2016）。定义详见表 4-2。

表 4-2　场点认定及定义

| 场点类型 | 定义 | 区域 |
| --- | --- | --- |
| 疫点（IP） | 根据实验室结果、非洲猪瘟临床症状及诊断标准和国际标准判断，存在推定阳性或确诊阳性病例的场点。 | 疫区 |
| 接触场点（CP） | 可能直接或间接接触过非洲猪瘟病毒的场点，包括但不限于接触过动物、动物产品、病媒或来自疫点的人员。 | 疫区、缓冲区 |
| 疑似场点（SP） | 有猪出现疑似非洲猪瘟临床症状而正在接受调查的场点。此为短期排查场点。 | 疫区、缓冲区、监测区 |
| 高风险场点（ARP） | 猪只均未出现疑似非洲猪瘟临床症状的场点。客观证据表明不属于疫点、接触场点或疑似场点。高风险场点经批准能在管控区内移动易感动物或产品。只有高风险场点才能成为监测点。 | 疫区、缓冲区 |
| 监测点（MP） | 客观证据表明不属于疫点、接触场点或疑似场点的场点。只有高风险场点才能成为监测点。监测点若要获批将易感动物或产品转移出管控区，必须满足一系列明确标准。 | 疫区、缓冲区 |
| 无疫点（FP） | 管控区以外的场点，且不是接触场点或疑似场点。 | 监测区、无疫区 |

资料来源：美国农业部、食品安全和公共卫生中心，2016。

图 4-1 为非洲猪瘟暴发期间的区域划分。

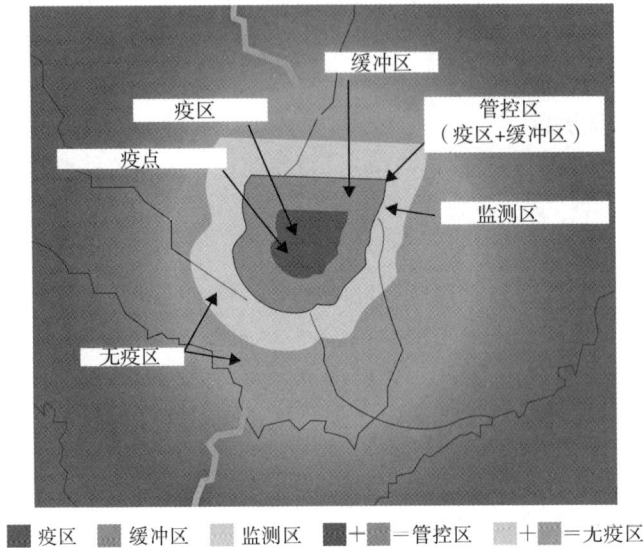

图 4-1 非洲猪瘟暴发期间的区域划分

资料来源：美国农业部、食品安全和公共卫生中心，2016。

注：地图未按比例绘制。

## 4.2 疫情防控期间的移动管控

疫情防控期间，检疫和移动管控措施是防控工作成功的关键（美国农业部、食品安全和公共卫生中心，2016；Geering 等，2001）。可能染疫的猪只、受污染的产品以及来自疫区的人员和运输工具的流动会加速病毒传播。防控的主要目的是通过消除传染源，防止病毒进入易感家猪和野猪体内，具体措施包括扑杀暴露在病毒环境中或已经染疫的猪只，以及禁止在疫区进行贸易等。由于在有大量小养殖户的地区处理尸体可行性不高，因此应推广其他管控策略。例如，可在疑似场点和高风险场点用改良扑杀或检测和屠宰管控策略代替扑杀（粮农组织，2017）。

兽医主管部门应以现行法律为准绳，立即发布严格的卫生措施，对进出管控区和相关接触场点的生猪采取临时扣留、检疫或限制移动措施（保障猪肉供应计划，2019）。建议兽医主管部门在其国家非洲猪瘟管控计划中针对小养殖户特点，设计专门的生猪移动计划，明确组织架构与人员职责。法律应立即授权有关机构，促进有关措施的执行（美国农业部、食品安全和公共卫生中心，2016）。如缺乏明确、可执行的法律，兽医主管部门应根据本国国情制定沟通计划，确保小养殖户参与管控工作，促进多方合作。这一点至关重要，因为无论如何限制生猪移动，家庭屠宰的染疫猪只和生猪的走私活动仍有可能屡禁不止。

采取应对措施时，兽医主管部门将同时评估各疫区与邻国之间的传播风险。被划定为疑似场点或高风险场点的小型场点应禁止接收或运输猪只到屠宰场或其他场点。然而，兽医主管部门应特批与疫点、危险接触场点和高风险场点无流行病学联系的场点，在严格的生物安全条件下将猪运往屠宰场（保障猪肉供应计划，2019）。某一地区或区域在推出疫情暴发期的管控措施前，应经由兽医主管部门对拟推措施进行成本-效益分析。

## 4.3　生猪运输前准备工作

✔ 只有来自非洲猪瘟无疫状态的区域或场点（包括有适当许可证的管控区）的猪只才能外运至其他猪场。由于亚临床症状可能会被忽视，这些猪只应至少隔离 15 天再进行运输，确保其未受非洲猪瘟病毒感染。（动卫组织，2019d；保障猪肉供应计划，2019）。

✔ 在兽医主管部门的严格监督下，猪只发出地应确保运输过程符合最基本的生物安全条件。

✔ 卡车应按照兽医主管部门指定的路线行驶，尽量短途且符合人道条件，直达目的地猪场，不在任何猪市或其他猪场停留。

✔ 卡车必须从目的地猪场携带足够的饲料和水，避免在前往目的地途中停下补给食物。

# 5 感染区域生猪屠宰建议

　　各屠宰场类型与处理能力不同，卫生和生物安全标准也差别很大。此外，许多猪只是在家中屠宰供当地食用的，没有经过正式的肉类检验。如果与远房亲戚分享此类猪肉或在露天市场非法出售，很可能增加非洲猪瘟病毒传播风险。屠宰场工人、提供私人服务的屠宰人员以及自行屠宰的小养殖户都可能受到污染，成为病毒传播的媒介。然而，此类屠宰几乎不会进行宰前和宰后检验。减少屠宰导致的病毒传播的相关建议如下：

✓ 对小型场点屠宰区采取进出管控，确保访客和其他家畜不受污染（Skaarup，1985；Wirtanen 和 Salo，2014）。

✓ 屠宰点与猪舍应保持足够距离，屠宰过程应从脏区（制昏、屠宰）单向流向至净区（胴体整修和切割）（Chenais 等，2017）。

✓ 屠宰场的副产品（如血液和内脏）携带非洲猪瘟病毒的风险很高，现场官员应采取严格措施，防止用屠宰场的副产品喂猪。

✓ 地方政府参与屠宰点和屠宰场的环境保护工作有助于改善个人卫生和环境卫生，从而最大限度降低非洲猪瘟风险。此外，更好地管理废弃物，包括妥善处置废弃物、排水、供水、粪便和运输，也可大大降低病毒传播风险。

✓ 来自不同行政区域和猪场的生猪聚集到屠宰场进行屠宰和加工，因此，屠宰场也是病毒的传播点。屠宰场往往有大量车辆与人员流动，增加了病毒传播的风险。

✓ 在规模较大的屠宰场，兽医主管部门对生猪屠宰实行从宰前到宰后的严格管理，确保不屠宰任何染疫动物。

✓ 对从事家庭屠宰的养殖户，必须提高他们的意识并培训他们在生猪屠宰前识别临床症状。

✓ 屠宰场必须确保每个工作日结束时对加工区进行清洁和消毒，清除可能受到污染的粪便、毛发和碎屑。

✓ 屠宰场必须确保将猪运到屠宰场的所有运输工具都是经过彻底清洁和消毒，特别要注意车轮、隐蔽区域和车底。

✓ 屠宰场必须控制人员在场内的进出和移动，禁止员工进入其他猪场或进行狩猎活动。

✓ 屠宰场必须确保最大限度地控制害虫，妥善管理废弃物。

## 5.1 家庭屠宰

　　家庭屠宰指在小养殖户的房舍内屠宰生猪，通常供其个人或直系亲属食用（食品标准局，2020）。为防控非洲猪瘟，养殖户把生猪送到屠宰场以获得猪肉的行为也被视作家庭屠宰。为改善卫生、预防疫病，可采取如下行动：

✓ 兽医主管部门应确保，所有供人食用的肉类均来自获得许可的屠宰场，且屠宰过程有现场兽医官监督（食品标准局，2020）。

✓ 猪只被运往屠宰场、流入市场前，应先隔离 15 天，期间不得出现任何临床症状。如单独隔离不可行，养殖户应避免在这 15 天内补栏。

✓ 家庭屠宰，每家只允许宰杀一头猪供家庭食用。

✓ 在节日期间，村中每家每户通常都会屠宰一头猪供自家食用，常会请当地屠宰人员屠宰猪只。应避免出现当地屠宰人员挨家挨户屠宰生猪的情况。村庄可制定一项方案，请兽医主管部门检查生猪，并就家庭屠宰作出规定，包括如何规范屠宰人员的流动，或指定更多屠宰人员使每名屠宰人员一次仅服务一户家庭。

✓ 兽医主管部门应监督执行疫病防控法律，确保向市场出售的猪只来自获得批准的屠宰场。严禁在家中屠宰猪只（一头以上）并销售。

✓ 小养殖户自宰自食应做到以下几点（Chenais 等，2017）：
　• 只屠宰无临床症状的健康猪只；
　• 屠宰点应与猪舍保持足够距离，屠宰场地面应为易于排水、清洁和消毒的硬质地面；
　• 屠宰后进行清洁和消毒；
　• 不得非法运输胴体或猪肉，经过批准才可以供给当地市场；
　• 内脏和废弃物得到妥善处理；
　• 照料生猪与屠宰生猪的家庭成员不应为同一人。如无法避免，应在屠宰后至少 48 小时再照料生猪；
　• 应明确划分养殖场或家庭的净区与脏区，屠宰过程应单向流动，即先在脏区屠宰生猪并加工，再进行胴体整修。屠宰人员和猪场工人及工具也需遵守从脏区到净区的流动路径；
　• 屠宰区和设备必须便于清洁和消毒。

✓ 必须培训小养殖户、屠宰人员、中间商和买家，使其了解为何禁止出于商业目的的家庭屠宰及为何家庭屠宰会致疫病传播。

✔ 兽医主管部门应确保屠宰场登记手续切实可行，以方便当地商贩操作。

✔ 对于非洲猪瘟疫区或流行区内的小型猪场而言，安全屠宰可能是一个挑战，需要遵循严格的生物安全要求以降低病毒传播风险。

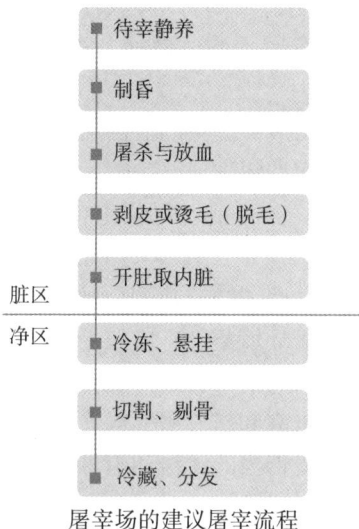

屠宰场的建议屠宰流程

## 5.2　运往屠宰点

✔ 养殖户若需与屠宰场直接联络并将生猪直接运至屠宰场，应获得兽医主管部门颁发的资质许可。

✔ 小养殖户应制定运输路线，确保与目的地屠宰场之间保持密切沟通。

✔ 必须采取切实可行的措施，确保装卸过程的生物安全，尽量减少运输过程中的污染和交叉感染。

· 从环境中清除固体废弃物；

· 拆卸和清除设备中的固体废弃物；

· 用水预先冲洗；

· 清洁和冲洗环境；

· 使用洗涤剂洗涤设备；

· 低压冲洗设备；

· 对设备进行消毒；

· 用饮用水对设备进行后续冲洗，然后进行后续处理，如组装设备；

· 在通风条件良好的房间内拆卸清洁设备并进行雾化消毒。

## 5.2.1 屠宰场的清洁和消毒程序

### 5.2.1.1 注意事项

✔ 屠宰场管理部门必须对强制清洁的特定区域或设备（如畜舍）做出具体指示。不同区域的污垢情况有所不同，例如，畜舍需要清理粪便，加工区则要清理血迹。

✔ 如果使用设备，必须遵守制造商提供的清洁和维护说明。昂贵设备的清洗可以适当间隔进行，但必须定期清洗。

✔ 必须共担清洁和消毒责任。若可能，每位工作人员都必须负责一块特定区域，特别是工作结束后自己所在工作空间的清洁与消毒。必须有一位负责清洁的领导。工作结束后立即清洁会让整个过程更加轻松。

✔ 清洁过程的持续时间取决于环境条件。应有足够的时间进行清洁和消毒。

✔ 屠宰场管理部门应确保清洁和消毒有效开展，不被忽略。应根据屠宰场的类型考虑合适的能源需求。家庭和露天屠宰区通常使用人工清洁。

✔ 工作人员和清洁人员应接受恰当的清洁和消毒流程培训，特别是如何使用现有的工具和设备。

### 5.2.1.2 清洁前准备

✔ 首先，将胴体从加工区移走。

✔ 移走可能妨碍有效清洁或遇水损坏的物品。电源插座应加盖并固定，以防进水。不可移动的设备应适当加盖以防水渗入。区域内的移动设备可在指定的清洁区进行清洁。

✔ 在移走胴体和其他设备后，应准备好所有需要的清洁用品，包括洗涤剂、消毒液、水箱，提前组装以方便取用。

✔ 运输工具如涉及多种（如卡车、拖车与脚踏拖车），在更换运输工具时应彻底清洗和消毒。

✔ 必须由养殖户或专人在指定装载区对车辆进行彻底检查。必须让养殖户、司机及其助手了解现行的移动限制（如有），获得批准的运输路线最好避开疫区。

✔ 目的地屠宰场应做好布局，尽量避免与其他卡车发生接触。屠宰场的卸货点可能汇集了各种车辆、司机和猪只。

✔ 如有可能，屠宰场应在每辆车进入卸货区之前和出口处进行消毒。

✔ 所有屠宰点，无论是否工业化，都应接受兽医主管部门的全面检查，至少遵守最低生物安全标准。

✔ 应根据屠宰场类型，如露天屠宰、流动屠宰、家庭屠宰等，选择合适的清洁用品。可使用桶、扫帚、刷子、洗涤剂等普通工具，实现高效清洁和消毒。

✓ 组装清洁用品时应考虑污物种类，如血液、液体、脂肪等，以及环境温度。

## 5.3  屠宰点消毒

屠宰场的管理部门负责制定有关屠宰场日常清洁和消毒措施的标准。这些措施必须考虑屠宰场的规模，做到经济可行。屠宰场应确保有足够的水、能源、化学品和劳动力，实现有效清洁和消毒。

✓ 必须为所有工人和管理人员组织有关屠宰场和非洲猪瘟生物安全的专题教育和培训。

✓ 屠宰场管理部门应根据屠宰场的具体情况，将生物安全常规流程记录在详细的清洁计划中，确保如下事项：
  · 有专门的清洁和消毒小组，组内成员清楚各自的角色和责任；
  · 有适当的渠道用于报告和纠正违规行为；
  · 明确列出清洁和消毒原则；
  · 所有工人都参与胴体处理过程和后续工作。

✓ 管理部门还必须明确清洁和消毒的频率。建议每天至少进行一次彻底清洁和消毒。

✓ 最佳的清洁与消毒方法可最大限度地减少猪只、人员、设备、胴体的污染。

✓ 有效的清洁计划包括冲洗及使用适当稀释过的洗涤剂和消毒剂，并需考虑温度等环境条件，因为低温可能会影响消毒剂发挥作用。应就以下工作提供详细说明：
  · 清理加工设备与环境；
  · 组装清洁设备。

### 5.3.1  清洁和消毒

✓ 清理和组装清洁用品后，应清除固体废弃物后再使用水。条件允许的情况下，应首先清除养殖场内的所有固体废弃物。

✓ 在使用设备之前，应彻底清洁环境。如有可能，应拆卸设备以进行有效清洗。用水预冲洗前，必须先清除设备上的固体废弃物，以缩短预冲洗时间并节约用水。

✓ 必须确保清除所有固体废弃物，并确保材料、设备或设备表面在使用洗涤剂之前已预先冲洗。如果表面有油脂污垢，可用热水预冲洗。如果用冷水对其进行预冲洗，之后的清洗流程则应更加彻底。

✓ 屠宰场进行压力冲洗时，不应超过 30 巴（3 000kPa），高于此值可能会损坏表面或在脏污表面产生病原体气溶胶，从而增加病毒传播风险。

✓ 应制定备选清洁计划和维修计划，以应对某一清洁设备临时出现无法使用的情况。

✓ 对于使用压力冲洗的屠宰场，建议使用低压（20～30巴），流速为每分钟18～20升。尖锐的水压角度会产生高压，应避免使用。

✓ 在清除固体废弃物和预冲洗之后，可以使用洗涤剂。

✓ 应避免从脏区向净区清洗或喷洒。

✓ 移动到不同区域时，应更换水和洗涤剂溶液。

✓ 彻底清洁后，应进行消毒。确保消毒剂覆盖所有区域，并达到规定的接触时间（15秒至10分钟）。洗涤剂和消毒剂必须彻底冲净，以消除化学残留物。

✓ 在加工环境中，应尽可能通过刮、刷或真空吸尘器清除脏污表面的固体废弃物，并用低压水预冲洗可见的残留物。

✓ 使用清洁剂有助于清除固体废弃物颗粒及清除后仍附着在表面的微生物。

✓ 清洗后的拆卸包括清空容器、清洗清洁设备，以便储存。清洁后的消毒需要遵守所使用消毒剂类型的必要接触时间。

✓ 应特别注意加工工具，如切颈机、刀具、传送带等，这些工具可能难以清洁和消毒。

✓ 工具、设备或机器经常接触胴体的血液、组织和其他液体，应定期维护和彻底清洁。

### 5.3.2 清洁后和消毒后工作

✓ 每次清洁和消毒后，刷子、擦洗垫和拖把等清洁工具都应保持洁净并妥善存放，避免病原体交叉感染。

✓ 组装清洁工具、清除固体废弃物、用水预冲洗、使用洗涤剂和清洁冲洗完成以后，必须设置后处理流程，包括将清洁用品放回仓库，并妥当处理清洁和消毒产生的污水。

# 6 疫点与危险接触场点的生猪补栏

- ✔ 一旦确定疫点和危险接触场点，必须立即屠宰该区域内的猪群，妥当处置动物尸体并杀菌消毒（Penrith 等，2013；Skaarup，1985）。
- ✔ 如在疫点和危险接触场点内没有发现与疫情有关的媒介，则这些场点必须至少空置 40 天。
- ✔ 空栏期结束后，养殖户可在兽医主管部门的监督下，向猪场引入未染非洲猪瘟的健康猪只。
- ✔ 兽医主管部门在判断先前的疫点和危险接触场点已无感染非洲猪瘟病毒风险的时候，必须具有合理确定性。
- ✔ 兽医主管部门可按这些场点正常存栏量的 10% 引进哨兵猪，以尽量减少非洲猪瘟病毒的复发风险。如无法做到这一点，应允许养殖户根据自身负担能力购买一定数量的哨兵猪。
- ✔ 兽医主管部门需要对哨兵猪进行至少 6 个月的监测，确保其没有感染非洲猪瘟病毒后才可全面复养。
- ✔ 全面复养后，应根据本国非洲猪瘟防控目标，在一段合理时期内继续对这些场点进行监控。
- ✔ 在哨兵猪监测期结束后，补栏的猪只必须来自已知处于非洲猪瘟无疫状态的地区或国家。
- ✔ 应评估引入其他跨境动物疫病的风险，以确保不会引入非洲猪瘟外的其他疫病。
- ✔ 相关方可利用补栏的机会，确保当地养殖户从无非洲猪瘟病毒的种猪场或商业猪场采购生猪，从而达到改善猪群的目的。

## 6.1 补栏程序

- ✔ 兽医主管部门应在评估当地情况和疫情复发风险后，逐步放宽对疫点和危险接触场点的病毒防控和补栏限制，在至少 6 个月的时间内分阶段进行，先对危险接触场点补栏，然后再对疫点补栏。

✔ 兽医主管部门只有确保已评估的疫点和危险接触场点再次发生疫情的风险极小，才能允许补栏。

✔ 在疫情复发风险可接受的场点，应始终先引入哨兵猪，再全面复养。这项工作必须在杀菌消毒后至少 40 天再开展（粮农组织，2017）。如前所述，哨兵猪的数量应取决于兽医主管部门和（或）养殖户的负担水平（如有联合协议），以及猪舍的正常存栏量。

✔ 兽医主管部门或相关部门可承担引入哨兵猪的费用，作为对扑杀猪群的补偿。

✔ 如果哨兵猪在监测期结束后没有感染非洲猪瘟病毒，则可将其作为补栏猪只保留在小型猪场中；但哨兵猪与其他猪只必须分圈养殖至少 30 天。

✔ 兽医主管部门应考虑将哨兵动物监测纳入补偿方案，并作为补栏监督的一部分。

✔ 哨兵猪在监测期间必须接受专业管理员的持续监测和观察。监测期结束时，必须经兽医主管部门检测非洲猪瘟病毒抗体呈阴性。

✔ 若调查确定非洲猪瘟疫情有软蜱作为传播媒介，则应限制补栏，直到兽医主管部门监督彻底消除猪场中的软蜱和其他传播媒介。

✔ 兽医主管部门必须能够证明疫情复发的风险已保持最低值。

✔ 只有在彻底清洁消毒、完成哨兵猪监测并确定再度染疫风险极低的情况下，才能取消对疫点和危险接触场点的补栏限制。

## 6.2  哨兵猪

在国家兽医部门有负担能力的情况下，引入哨兵猪可作为监测和补偿联合计划中补栏程序的一部分。在使用哨兵猪时，兽医主管部门需要在管理员和小养殖户的帮助下，对哨兵猪进行至少 45 天的监测，确保哨兵猪没有感染非洲猪瘟后方可允许全面复养。这一规定有助于确保猪场已无存活的非洲猪瘟病毒；在哨兵猪监测结束时，应对猪进行血清检测。使用哨兵猪时应考虑：

✔ 兽医主管部门必须确定哨兵猪的使用期限；如果在此期间没有发现非洲猪瘟病症，则应允许全面复养。

✔ 兽医主管部门必须对哨兵猪的质量和来源进行认证；这些猪只既可以是当地种猪场培育的，也可以从国际市场采购。

✔ 兽医主管部门应确定在每个场点使用哨兵猪的最低数量，以便不遗漏任何有活性的非洲猪瘟病毒粒子。哨兵猪的数量可为猪场正常存栏量的 10%。

✔ 使用的哨兵猪必须非洲猪瘟病毒抗体检测呈阴性，或直接来自生物安全程度高的、无非洲猪瘟病毒的场点，如非洲猪瘟无疫区。

✔ 兽医主管部门对非洲猪瘟病毒的监测包括在最后一头哨兵猪到达该场点至少 45 天后，对哨兵猪种群进行血清学检查。

✔ 向猪场分批引入哨兵猪的工作应在 20 天内完成，逾期将不允许引入新的批次。

✔ 使用哨兵猪所涉及的费用（包括各项检测），必须经兽医主管部门与小养殖户或利益相关方讨论决定。在哨兵猪监测期结束后，兽医主管部门可安排哨兵猪的生产商进行补栏，从而减少出于疫情防控目的扑杀猪群所需要的资金补偿，且有助于显著缩短扑杀与补栏之间的间隔时间。

# 7 非洲猪瘟生物安全可持续发展建议

本书提出的猪场非洲猪瘟生物安全最佳实践试图反映东南亚小型养猪体系和价值链的复杂性。然而，实践中，猪肉价值链因行政区域甚至村庄而异，易受当地疫病状况和人口因素变化的影响。因此，本书应与时俱进，提出的建议必须通过可行性检验，根据现有的最佳科学依据和对当地社会经济的深入了解而不断改进。若要让本书在未来持续发挥作用，应考虑：

（1）提出新的防控建议或修改原有建议。改革通用生物安全措施，使其切实可行并具有针对性是一项具有挑战性的工作。因此，我们鼓励兽医主管部门与小型养殖体系中的利益相关方合作，不断评估其对生物安全措施的理解认识、遵守情况，了解制约相关措施实施的相关因素。建议采用区域性方法控制非洲猪瘟，通过跨学科研究方法实现这一目标，即由政府间组织和非政府组织向区域内的兽医机构提供资金，用于研究和控制非洲猪瘟。

（2）生物安全执法能力建设。除了持续培训小养殖户和价值链上的利益相关方，提高其对生物安全建议做法的接受程度外，兽医主管部门、政府间组织和非政府组织还应向国家兽医服务人员提供适当培训，并配备足够人员，以满足生物安全执法和推广服务的需求。在大多数发展中国家，兽医和专业辅助人员非常稀缺，因此应安排培训计划，方便普通公众也能报名成为社区动物卫生工作者。

本书的建议大多简单明了，部分还配有适当说明。然而，为了最大限度发挥实施效果并提高采纳率，需要训练有素的社区动物卫生工作者、非政府组织代表、猪场承包商及其他生产合作社的管理人员在猪场开展小组集中讨论和培训等示范活动，向小养殖户传授知识经验。也可让模范养殖户向村里人展示自己是如何具体落实本书建议的。鼓励兽医主管部门将东南亚地区其他国家的最佳做法录成短视频，加配字幕，以便广泛传播。

（3）提高认识。猪场示范有助于提高认识。由于防控非洲猪瘟病毒需要考虑当地各项人口因素，必须让公众认识到非洲猪瘟对当地经济的影响以及现有的防范措施。兽医主管部门应利用宗教集会、社交聚会、广播、电视、海报等大众传播手段，提高村民对非洲猪瘟的认识。宣传可以针对特定的风险因素，但应涵盖小型养殖户猪肉价值链上的所有其他相关方。兽医主管部门不应低估社交媒体对社会行为的影响，应鼓励充分利用社交媒体发送有吸引力的图片和简短的文字宣传。

提高对非洲猪瘟生物安全建议做法的认识也有助于管理其他猪病，提高生产力，改善小养殖户生计。

（4）为小养殖户制定简明的自查表。猪场生物安全需要养殖户的持续努力。值得注意的是，由于资源有限或无法获得服务，大多数小养殖户可能无法从专业兽医人员处获得足够支持。因此，可通过提供简明的自查表，帮助小养殖户对猪场生物安全进行自评。目前已有的猪肉生产生物安全自评表大多是为商业化猪场设计的，可能不适用于小型猪场。根据本书的主要建议，需要为小养殖户制定简明的自查表。利用创新技术制作用户友好型自查表是未来值得探索的方向，例如使用移动应用程序或交互式语音应答（IVR）。

# 参考文献 REFERENCES

**Animal Health Australia.** 2020. *Response strategy：African swine fever.* 5. （available at https：//www. animalhealthaustralia. com. au/our － publications/ausvetplan － manuals － and － documents/）.

**Bellini, S. , Rutili, D. , & Guberti, V.** 2016. Preventive measures aimed at minimizing the risk of African swine fever virus spread in pig farming systems. *Acta Veterinaria Scandinavica*，58 （1751 － 0147 （Electronic）） . （available at https：//actavetscand. biomedcentral. com/articles/10. 1186/s13028 － 016 － 0264 － x） .

**Chenais, E. , Sternberg － Lewerin, S. , Boqvist, S. , Liu, L. , LeBlanc, N. , Aliro, T. , Stahl, K.** 2017. African swine fever outbreak on a medium － sized farm in Uganda：biosecurity breaches and within － farm virus contamination. *Trop Anim Health Prod*，49 （2）：337 － 346. doi：10. 1007/s11250 － 016 － 1197 － 0.

**Correia － Gomes, C. , Henry, M. K. , Auty, H. K. , & Gunn, G. J.** 2017. Exploring the role of small － scale livestock keepers for national biosecurity － The pig case. *Prev Vet Med*，145 （1873 － 1716 （Electronic）），7 － 15. doi：10. 1016/j. prevetmed. 2017. 06. 005.

**Deka, R. P. , Grace, D. , Lapar, M. L. and Lindahl, J.** 2014. Sharing lessons of smallholders' pig system in South Asia and Southeast Asia：A review. *Paper presented at the National Conference on Opportunities and Strategies for Sustainable Pig Production，Guwahati，India.* （available at https：//hdl. handle. net/10568/53928）.

**Delsart, M. , Pol, F. , Dufour, B. , Rose, N. , & Fablet, C.** 2020. Pig farming in alternative systems：strengths and challenges in terms of animal welfare，biosecurity，animal health and pork safety. Agriculture，10 （7） . doi：10. 3390/agriculture10070261.

**Department of Environment Food and Rural Affairs, UK.** 2020. Disease control strategy for African and classical swine fever in Great Britain. （available at https：//assets. publishing. service. gov. uk/government/uploads/system/uploads/attachment ＿ data/file/877081/disease － controlstrategy － csf － 2020a. pdf）.

**European Commission.** 2020. Strategic approach to the management of African swine fever for the EU. （available at https：//ec. europa. eu/food/sites/food/files/animals/docs/ad ＿ controlmeasures ＿ asf ＿ wrk － doc － sante － 2015 － 7113. pdf）.

**FAO.** 2009. Preparation for of African swine fever contingency plans. （available at http：//www. fao. org/3/i1196e/i1196e. pdf）.

FAO. 2010. Good practices for biosecurity in the pig sector - Issues and options in developing and transition countries.

FAO. 2012. Swine Health Management. In (Vol. 3) . Bangkok.

FAO. 2017. African swine fever: Detection and diagnosis. A manual for veterinarian.

FAO. 2020. FAO Regional Conference for Asia and the Pacific - Report on African swine fever in Asia and the Pacific. (available at http: //www. fao. org/3/nb742en/NB742EN. pdf).

FAO, AU - IBAR, & ILRI. 2017. Regional strategy for the control of African swine fever in Africa. (available at http: //www. fao. org/3/cb2118en/cb2118en. pdf).

Food Standards Agency (FSA). 2020. Home slaughter of livestock: A guide to the law in England and Wales. (available at https: //www. food. gov. uk/sites/default/files/media/document/home - slaughter - guide - england - and - wales - september - 2020 - . pdf).

Jurado, C. , Martinez - Aviles, M. , De La Torre, A. , Stukelj, M. , de Carvalho Ferreira, H. C. , Cerioli, M. , Bellini, S. 2018. Relevant measures to prevent the spread of African swine fever in the European Union domestic pig sector. *Front Vet Sci*, 5 (APR), 77. doi: 10. 3389/fvets. 2018. 00077.

Levis, D. G. , & Baker, R. B. 2011. Biosecurity of pigs and farm security: University of Nebraska - Lincoln Extension.

Matsuzaki, S. , Azuma, K. , Lin, X. , Kuragano, M. , Uwai, K. , Yamanaka, S. , To-kuraku, K. 2021. Farm use of calcium hydroxide as an effective barrier against pathogens. Sci Rep. 11 (1): 7941. doi: 10. 1038/s41598 - 021 - 86796 - w. https: //www. nature. com/articles/s41598 - 021 - 86796 - w. pdf.

National Bureau of Agricultural commodity and Food Standards - Ministry of Agriculture and Cooperatives, Thailand. 2006. Good manufacturing practices for pig abattoir. Thai Agricultural Standard. TAS 9009 - 2006. (available at https: //www. acfs. go. th/standard/download/eng/pig _ abattoir. pdf).

OIE. 2017. Technical item I - How to implement farm biosecurity: the role of government and private sector. *Paper presented at the 30th Conference of the OIE Regional Commission for Asia, The Far East and Oceania, Putrajaya, Malaysia.* (report of the conference available at https: //rr - asia. oie. int/en/events/30th - conference - of - the - oie - regional - commission - for - afeo/).

OIE. 2019a. Terrestrial Animal Health Code. Chapter 4. 4 Zoning and compartmentalisation. (available at https: //www. oie. int/en/what - we - do/standards/codes - and - manuals/terrestrialcode - online - access/?id = 169&L = 1&htmfile = chapitre _ zoning _ compartment. htm).

OIE. 2019b. Terrestrial Animal Health Code. Chapter 15. 1 Infection with African swine fever virus. (available at https: //www. oie. int/en/what - we - do/standards/codes - and - manuals/terrestrial - code - online - access/?id=169&L=1&htmfile=chapitre _ asf. htm).

OIE. 2019c. Terrestrial Animal Health Code. Glossary. (available at https: //www. oie. int/

en/whatwe‐do/standards/codes‐and‐manuals/terrestrial‐code‐online‐access/？id＝169&L＝1&htmfile＝‐glossaire.htm）.

OIE. 2019d. Technical disease cards：African swine fever.（available at https：//www.oie.int/en/disease/african‐swine‐fever/）.

Penrith, M. L., Vosloo, W., Jori, F., & Bastos, A. D. 2013. African swine fever virus eradication in Africa. *Virus Res*，173（1），228‐246. doi：10.1016/j.virusres.2012.10.011.

Roubík, H., Mazcancová, J., Phung, L. D., Banout, J. 2018. Current approach to manure management for small‐scale Southeast Asian farmers‐Using Vietnamese biogas and non‐biogas farms as an example. *Renewable Energy*，115，362‐370. https：//doi.org/10.1016/j.renene.2017.08.068.

Secure Pork Supply（SPS）. 2019. Self‐assessment checklist for enhanced pork production biosecurity：Animals with outdoor access.（available at https：//www.securepork.org/Resources/SPS‐Biosecurity‐Checklist‐for‐Animals‐with‐Outdoor‐Access.pdf）.

Skaarup, T. 1985. Slaughterhouse cleaning and sanitation.（available at http：//www.fao.org/3/x6557e/X6557E00.htm♯TOC）.

USDA & CFSPH. 2016. Foreign animal disease preparedness & response plan.（available at http：//www.cfsph.iastate.edu/pdf/fad‐prep‐nahems‐guidelines‐biosecurity）.

Wirtanen, G., & Salo, S. 2014. Cleaning and disinfection. In Meat Inspection and Control in the Slaughterhouse（pp.453‐471）.

## 生物安全

通过一系列管理和物理措施，降低动物疫病（包括感染或侵染）引入动物种群，在种群中长期存在以及传播的风险。

## 扑杀

从特定区域中清除动物种群以控制或预防疫病传播。

## 消毒剂

在活体外杀灭疫病病原体的化学物质。

## 消毒

为消灭动物疫病传染源，对可能直接或间接受到污染的场所、车辆和各种物品实施的系列程序。

## 处理

通过适当过程对动物尸体和其他相关材料进行卫生处理，以防止疫病传播。

## 地下水

储存在含水层中的水。

## 感染场所

（曾经）存在患非洲猪瘟的病猪；或存在非洲猪瘟病毒；或有合理怀疑存在非洲猪瘟病毒（须由兽医主管部门决定）的某个特定区域（整体或部分）。

## 渗滤液

由分解产生的液态杂质，有可能渗透土壤。

## 场所

包括建筑物在内的土地，或有一系列服务和人员进行维护的独立养殖场或设施。

## 修复

对场地进行修复，以扭转或停止对环境的破坏。

## 哨兵猪

为检测某种疫病（如非洲猪瘟）是否存在而受到监测的已知健康状况的猪只。

## 易感动物

可以感染特定疫病（如非洲猪瘟）的动物。

## 媒介

将传染性病原体（如非洲猪瘟病毒）从一个宿主传播到另一个宿主的活生物体（如节肢动物）。

图书在版编目（CIP）数据

亚洲小型猪场非洲猪瘟防控指南：猪场屠宰、补栏与生物安全 / 联合国粮食及农业组织编著；王宏锐，徐璐铭译. -- 北京：中国农业出版社，2025.6. --（FAO中文出版计划项目丛书）. -- ISBN 978-7-109-33085-6

Ⅰ. S852.65-62

中国国家版本馆 CIP 数据核字第 2025L1Q710 号

著作权合同登记号：图字 01-2024-6554 号

亚洲小型猪场非洲猪瘟防控指南：猪场屠宰、补栏与生物安全
YAZHOU XIAOXING ZHUCHANG FEIZHOU ZHUWEN FANGKONG ZHINAN:
ZHUCHANG TUZAI、BULAN YU SHENGWU ANQUAN

中国农业出版社出版

地址：北京市朝阳区麦子店街 18 号楼
邮编：100125
责任编辑：张楚翘
版式设计：王　晨　责任校对：吴丽婷
印刷：北京通州皇家印刷厂
版次：2025 年 6 月第 1 版
印次：2025 年 6 月北京第 1 次印刷
发行：新华书店北京发行所
开本：700mm×1000mm　1/16
印张：4.75
字数：90 千字
定价：79.00 元